인류 역사상 가장 중요한 수학책

바 제11권

제2판

기하학원론

공간기하

유클리드 지음 이무현 옮김

KYOWOO

머리말

유클리드가 쓴 [기하학 원론]은 인류 역사상 가장 중요한 수학책이다. 이는 논란의 여지가 없는 사실이다. [기하학 원론]이 왜 이토록 중요한가?

유클리드는 이집트 알렉산드리아에서 활동한 수학자이며, 서기전 300년 무렵에 사망하였다. 그 당시 알렉산드리아는 범그리스 제국에 속하였으며, 그리스의 철학, 수학, 천문학이 집대성되는 지식의 용광로였다. 유클리드가 당시 그리스의 수학 지식을 모두 모아서 체계적으로 분석하고 정리한 것이 [기하학 원론]이다. 기하학 뿐만이 아니라 비율, 약수, 배수, 서로 남남, 홀수, 완전수, 무리수 등등 수학의 모든 내용을 포괄적으로 담고 있다. 그 후 오늘날에 이르기까지 모든 수학을 지배하고 있는 수학의 근본 설계도가 바로 [기하학 원론]이다.

로마 제국이 멸망한 이후, 정작 유럽 본토에서 [기하학 원론]은 구해 보기가 어렵게 되었으며, 중동 이슬람 문화권에서 오히려 [기하학 원론]이 널리 보급되었다. 그 이후 중세 말, 르네상스 시대가 되면서, [기하학 원론]은 중동에서 유럽으로 역수입되었다. 처음에는 필사본으로서 보급되었으며, 최초의 인쇄본은 1482년에 이탈리아 베네치아에서 출판되었다. 그 후 수백 년 동안 유럽의 여러 국가, 여러 수학자들이 [기하학 원론]을 번역, 출판하여서, 온갖 다양한 판본들이 존재하게 되었으며, 그 내용도 일부 누락되거나 추가되는 등등 혼선이 빚어졌다.

다행히 영국의 토마스 히드가 그 모든 판본들을 종합, 참조하여서, [기하학 원론]을 영어로 번역, 출판하였다. 히드는 고대 그리스 수학에 관한 최고의 권위자로서, 유클리드, 아르키메데스, 아폴로니우스 등등 고대 그리스의 위대한 수학자들의 중요한 저작들을 번역, 출판하였다. 히드가 출판한 [기하학 원론]은 가히 [기하학 원론]의 최종적, 종합적 완결판이라 할 수 있다.

히드는 [기하학 원론]의 그리스어 원전은 물론이고, 많은 번역자, 편찬가들의 다양한 해석과 주석을 종합해 놓았다. 게다가 플라톤, 아리스토텔레스 등등 고대 철학자들의 다양한 저술들을 참조하여서, [기하학 원론]의 온갖 내용들에 관한 심오한 수학사적, 철학적 배경들을 다루어 놓았다. 이는 물론 고대 그리스 철학에 대한 심오한 지식을 갖추고 있는 히드만이 할 수 있는 일이며, [기하학 원론]을 더욱 풍성하고 값어치 있게 만들어주고 있다. 독자 여러분들은 이 책을 읽으면서, 히드의 심오하고 방대한 지식에 경탄을 금치 못할 것이다.

유클리드의 [기하학 원론]은 전부 13권으로 구성되어 있다.

제 1권에는 기하학의 기본 용어들에 대한 정의와 유클리드 기하학의 근본이 되는 공리들이 제시되어 있다. 1권의 내용 중에 가장 중요하고 가장 크게 논란이 된 부분은 평행선 공리인 ‘공리 5’이다. 후대의 수학자들은 2,000여 년 이상의 세월에 걸쳐서, 공리 5를 증명하려고 시도를 하였다. 그러나 비유클리드 기하학이 모순 없이 성립함이 밝혀지면서, 공리 5는 ‘증명할 수 없음’이 증명되었다. 바꿔 말하면, 유클리드가 평행선 공리를 공리로서 채택한 것은 올바른 결정이었다. 히드는 공리 5와 관련된 많은 수학자들의 증명 시도와 그 의의를 상세하고 일목요연하게 소개해 놓았다.

1권에서 그 다음으로 중요한 내용은 '피타고라스의 정리'이다. 유클리드는 독창적인 방법으로 피타고라스의 정리를 증명해 놓았는데, 그의 증명 방법은 오늘날에도 피타고라스의 정리를 증명하는 표준 방법으로서 가장 널리 사용되고 있다. 히드는 피타고라스의 정리의 기원과 그 역사, 유클리드가 새로운 증명 방법을 발견해야 했던 이유를 소상하게 설명해 놓았다.

제 2권에서는 이른바 '기하학적 대수학'을 도입해 놓았다. 오늘날 우리들은 알파벳을 사용하여 미지수를 나타내는 편리한 방법으로 대수학을 공부하지만, 이러한 기법이 도입된 것은 불과 수백 년 전이다. 그 이전에는 다른 방법으로 대수학을 연구해야 했는데, 고대 그리스에서는 고도로 발달한 기하학을 사용하여 대수학을 연구하였다. 2권은 그 내용을 담고 있다. 제 3권은 원의 성질을 다루고 있으며, 제 4권은 원에 내접, 외접하는 다각형을 다루고 있다.

제 5권은 비율 및 비례식을 다루고 있는데, 비율을 정의한 정의 5는 [기하학 원론]의 전체 내용 중에 평행선 공리에 이어 두 번째로 많은 논란과 혼동을 초래하였다. 그렇지만 사실 유클리드의 정의 5는 완벽하고 올바른 정의였다. 후대 수학자들이 혼란스러워한 까닭은, 그들의 노력과 이해력이 부족했기 때문이었다. 유클리드의 이 정의는 유리수의 조밀성을 사용하여 무리수 및 실수 체계를 예비해 주고 있다. 히드는 이 모든 사항들을 잘 정리하여 설명해 주고 있다. 제 6권은 닮은꼴 도형들을 다루고 있는데, 기하학적 대수학을 사용하여 이차방정식의 근의 공식을 제시하고 있다.

제 7권은 정수론을 다루고 있다. 홀수, 약수, 배수 등등을 다루고 있으며, 최대공약수, 최소공배수를 찾는 유클리드의 알고리듬을 제시해 놓았다. 제 8권은 정수들의 기하 수열을 다루고 있다. 제 9권은 7권,

8권의 내용들을 사용하여서, 홀수와 완전수를 다루어 놓았다. 근대의 많은 수학자들은 9권의 내용에 매혹되어서, 정수론 연구에 매달렸다.

제 10권은 무리수를 다루고 있다. 무리수를 처음 발견한 것은 피타고라스 학파였다. 피타고라스의 정리는 변의 길이가 1인 정사각형의 대각선이 무리수라는 필연의 결과를 낳고 말았으며, 이는 엄청난 충격과 공포를 초래하였다. 그러나 차츰 세월이 흘러가면서, 수학자들은 무리수라는 괴물을 분석하고 연구하기 시작하였다. 10권은 유클리드의 시대에 이르기까지의 그 연구 결과물이라고 하겠다.

제 11권에서는 입체 도형이 등장하여서, 삼차원 공간의 기하학을 다루기 시작한다. 제 12권에서는 이른바 '소진법'을 사용하여서, 입체 도형의 부피를 다루고 있다. 소진법은 정적분의 기본 기법이며, 유클리드 직후 세대의 수학자인 아르키메데스는 소진법을 사용하여서 구의 부피와 겉넓이 등을 구하였다. 제 13권에서는 다섯 개의 정다면체들을 소개해 놓았다.

오늘날과 같이 수학이 발달한 시대에, 우리 수학자들에게 [기하학 원론]이 왜 꼭 필요한가?

첫째, [기하학 원론]은 살아 있는 수학책이다. 현재 중학교, 고등학교에서 배우는 기하학은 모두 [기하학 원론]에서 나온다. 그러니 [기하학 원론]을 읽어 보면, 학교에서 다루는 내용을 좀더 폭넓게, 깊이 있게 이해할 수 있으며, 특히 수학 선생님들에게 [기하학 원론]은 필독서이다.

둘째, [기하학 원론]은 수학의 역사이며 족보이다. 어떤 이론을 배우든, 그것이 나오게 된 배경과 기원을 아는 것은 그것을 이해하는 데 크게 도움이 된다. [기하학 원론]은 오늘날 모든 수학의 조상이며, 수학의 근본 설계도이다.

셋째, [기하학 원론]은 살아 있는 철학이며 정신이다. 위대한 학자들의 위대한 저작물을 읽으면, 우리는 그 학자의 정신과 고뇌를 읽을 수 있다. 유클리드의 위대한 정신, 그리고 그것을 더욱 풍성하게 열매 맺게 한 히드의 노고는 우리 모든 수학자들에게 꼭 필요한 영양제라고 하겠다.

이 책을 출판해 주신 교우사 오판근 사장님과 책을 만드느라 고생을 하신 편집부 모든 분들께 깊이 감사를 드린다. 이 책을 구입해 주신 독자 분에게 깊이 감사를 드린다. 모든 책은 그 책을 구해 보는 독자들 덕분에 존재할 수 있으며, 본 [기하학 원론]이 20여 년 전에 출판된 이후 이제 개정판이 나오게 된 것도 모두 독자 여러분들의 성원 덕분이다.

본 번역자는 이 책을 번역하면서, 유클리드와 토마스 히드의 정신을 살리기 위하여 최선의 노력을 다하였다. 독자 여러분들이 이 책을 읽으면서, 유클리드와 토마스 히드의 정신과 철학을 흠뻑 만끽하기 바란다. 이 책의 모든 공은 유클리드와 토마스 히드의 몫이며, 모든 과는 본 번역자의 몫임을 밝히는 바이다.

번역자 이무현 씀.

차례

제11권 공간기하

정의

정의 1

입체란 길이, 폭, 깊이를 가진 것이다.

해설 입체에 대한 이 정의는 전부터 전해 내려온 것임이 확실하다. 플라톤과 아리스토텔레스가 쓴 여러 글들을 보면 알 수 있다. 플라톤이 쓴 [소피스트]를 보면, 어떤 모델의 본을 떠 만들면서 "길이 그리고 폭 그리고 깊이에서"라는 말이 나온다. 그리고 [법률]을 보면, "길이, 면, 그리고 깊이를 재는 기술"이 수학의 세 가지 분야 중 하나라는 말이 나온다.

세 번째 차원을 나타내는 '깊이'라는 말은, 다른 두 차원을 내포하고 있음을 암시하고 있다. 그래서 아리스토텔레스는 '깊이'라는 낱말 하나만 가지고 '입체'를 가리키는 데 썼다. 아리스토텔레스가 쓴 [형이상학]을 보면, "길이는 선이며, 폭은 면이며, 깊이는 입체"라는 말이 나온다. "한 방향으로 계속되는 것은 길이이며, 두 방향으로 계속되는 것은 폭이며, 세 방향으로 계속되는 것은 깊이이다."

플라톤은 천문학이 평면 기하학 다음에 놓이도록 분류하면서,

"새로운 차원인 깊이를 다루는 학문이 그 다음에 나와야 하겠지만, 그에 관한 연구는 어설프게 되어 있기 때문에, 그것은 건너뛰고 평면 기하학 다음에 천문학을 넣겠다. 천문학이란 깊이를 가진 물체가 움직이는 것을 연구하는 일이다."라고 말했다. ([국가론])

아리스토텔레스는 "입체의 정의는, 세 개의 차원을 가진 것이다."라고 말했다. ([변증론]) 그리고 "모든 차원을 갖고 있는 것"이라고 말하기도 했다. ([천체론]) "모든 방향으로 차원을 가진 것"이라는 말도 썼다. ([형이상학]) 그는 [자연학]에서는 차원이 모두 여섯 개라고 말하기도 했다. 즉 각각의 차원을 두 방향으로 갈라서, "위와 아래, 앞과 뒤, 오른쪽과 왼쪽"으로 표현했다. 그렇지만 이런 용어들은 상대적이라고 설명해 놓았다.

헤론은, 예상할 수 있듯이, 두 가지 형태의 정의를 합쳐 놓았다. "입체란 길이, 폭, 깊이를 가진 것이다. 또는 세 개의 차원을 가진 것이다." 스미르나의 테온도 비슷하게 다음과 같이 말했다. "세 방향으로 뻗어 있고 쪼갤 수 있는 것이 입체이다. 즉 길이, 폭, 깊이를 가진다."

정의 2

입체의 끝은 면이다.

해설 아리스토텔레스도 이와 비슷하게, 입체의 개념은 "면으로 둘러싸인 것이다."라고 말했다. 그리고 "입체를 쪼갠 것이 면이다."라고 말했다. ([형이상학])

헤론은 "모든 입체는 면으로 둘러싸여 있으며, 어떤 면이 앞에 있다가 뒤로 움직이면 입체가 생긴다."고 말했다.

정의 3

어떤 직선이 어떤 평면과 만나는데, 평면에 놓여 있으면서 그 직선과 만나는 모든 직선과 그 직선이 직각을 이루면, 그 직선은 그 평면과 **수직**이다. (직각으로 만난다.)

해설 헤론은 정의 3과 정의 4의 내용을 거의 똑같이 제시해 놓았다.

어떤 직선이 평면에 대해서 여기에 설명해 놓은 것처럼 놓일 수 있음은, 11권 법칙 4에서 보였다. 이 사실을 바탕으로, 푸리에(Fourier)는 평면을 다음과 같이 정의하였다고 크렐레는 말했다. "공간에 한 직선이 놓여 있을 때, 그 직선의 한 점을 지나고 그 직선과 수직인 직선들을 모두 모은 것이 평면이다."

그러나 이렇게 정의를 하면, 직각이라는 개념은 각을 재는 일과 관계가 있기 때문에, 평면을 이미 가정하고 있다는 반론을 제기할 수 있다. 각을 재는 일은 결국, 한 평면에 놓여 있는 두 직선이 다른 평면에 놓여 있는 두 직선과 일치하면, 두 평면이 서로 일치한다는 가정에 바탕을 두고 있기 때문이다. 1권 정의 7의 해설을 참조하기 바란다.

정의 4

어떤 평면과 어떤 평면이 **수직이다**라는 말은, 두 평면의 공통부분(교선)에 수직이 되도록 직선을 한 평면에 그었을 때, 그 직선이 다른 평면과 수직이 되는 경우를 말한다.

해설 정의 4와 정의 6은 두 평면의 '공통부분(교선)'을 사용하고 있다. 그러나 두 평면의 공통부분(교선)이 직선임은 11권 법칙 3에 가서야 증명해 놓았다. 그렇지만 이 정의는 정의 3이나 마찬가지로 정당하다. 왜냐 하면, 여기서는 용어의 뜻을 설명하는 것일 뿐, 아무것도 증명하려는 것이 아니기 때문이다.

르장드르는 평면과 평면이 수직이라는 정의를 정의 6의 특별한 경우로, 그러니까 극한인 경우로 해 놓았다. 즉 '평면과 평면이 만드는 각'이 직각인 경우라고 하였다.

정의 5

직선과 평면이 만드는 각이란, 평면 위에 떠 있는 직선의 한 점에서 평면에 수직이 되도록 직선을 그은 다음, 그것이 평면과 만나는 점에서 평면에 놓여 있는 직선의 끝점으로 직선을 그었을 때, 그 직선과 원래 직선이 만드는 각을 말한다.

해설 바꿔 말하면, 직선과 평면이 만드는 각이란, 그 직선과 평면에다 그 직선을 '사영(projection)'한 것이 만드는 각을 말한다. 직선과 평면의 교점을 지나고 평면에 놓여 있는 다른 어떠한 직선이든, 원래 직선과 만드는 각이 이 각보다 더 크다. 현대 기하학 교과서들은 이것을 법칙으로 제시해 놓기도 한다. 이것은 11권 법칙 4, 1권 법칙 19, 18을 써서 쉽게 증명할 수 있다.

정의 6

평면과 평면이 만드는 각(**이면각**)이란, 두 평면이 만나는 한 점에서 두 평면의 공통부분(교선)에 수직이 되도록 직선들을 각각의 평면에 그었을 때, 그 직선들이 만드는 각 중 작은 각을 말한다.

해설 두 개의 평면이 서로 만나면, 그들은 어떤 각을 만들게 되는데, 현대 교과서는 이것을 가리켜 '이면각'이라 부른다. 이면각이란 두 평면 사이의 벌어진 정도, 즉 각으로 얼마나 벌어졌느냐를 가리킨다. 평면에 놓여 있는 직선들이 만드는 '평면각'과 이 '이면각'은 완전히 다른 종류의 각이다. 그리고 유클리드가 정의한 '입체각'(삼면각, 사면각 등등)은 또 이들과 완전히 다르다.

각에 대한 아폴로니우스의 개념인 "어떤 선이나 면이 한 점에서 꺾여 있어서, 면이나 입체가 거기에서 모이는 것"이라는 표현을 잠시 빌리면(1권 정의 8, 9 해설 참조), 이면각이란 두 개의 교차하는 평면들이 만드는 꺾인 면이, 한 '점'이 아니라 한 '직선'(즉 평면들의 교선)을 향해서 가까이 가는 것이라고 여길 수 있다.

르장드르는 이것에 관한 법칙에서, 두 개의 평면들이 만드는 이면각을 설명하기 위해서 '코너(corner)'라는 용어를 잠정적으로 사용하였다. 내가 생각하기에, '열림(opening)'이라는 용어보다는 이 용어가 정의에 사용하기에 더 적당한 것 같다. 그렇지만 우리가 이면각이라고 부르는 특별한 종류의 각의 '크기'는 평면각의 크기로써 나타낸다. 즉 유클리드가 이 정의에 표현해 놓은 그 평면각의 크기로써 나타내며, 이것을 '평면과 평면이 기운 정도'라고 말한다. 현대 교과서들 중 일부는 이것을 가리켜 '이면각의 평면각'이라고 부른다.

이 평면각이 이면각의 크기를 나타내는 적당한 척도임을 보여야 한다. 르장드르는 이런 효과의 법칙을 제시해 놓았다. 이것을 보이려면, 두 개의 평면이 한 직선(교선)에서 만났을 때, 다음이 성립함을 보여야 한다.

(1) 교선인 직선에 놓여 있는 모든 점에서, 이 평면각은 크기가 같다.

(2) 두 개의 평면들이 만드는 이면각이 어떤 비율로 커지거나 작아지면, 문제의 평면각도 그런 비율로 커지거나 작아져야 한다.

이것들을 증명해 보자.

(1) 두 평면 MAN, MAP가 교선 MA에서 만난다고 하자. 두 직선 AN, AP가 각각의 평면에 놓이도록, 그리고 교선 MA와 수직이 되도록 그어라. 그러면 각 NAP는 '평면과 평면이 기운 정도'이다. 즉 '이면각의 평면각'이다.

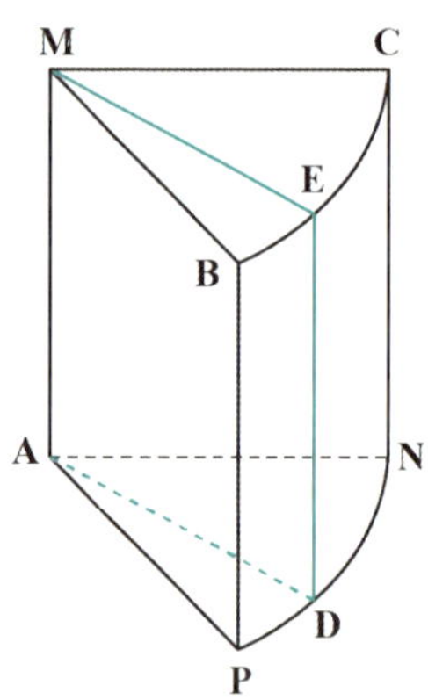

두 직선 MC, MB가 각각의 평면에 놓이도록, 그리고 교선 MA와 수직이 되도록 그어라.

그러면 평면 MAN에서, 직선 MC와 직선 AN은 둘 다 직선 MA에 수직이 되도록 그었으니, MC와 AN은 평행하다.

마찬가지 이유로, MB와 AP는 평행하다.

그러므로 11권 법칙 10에 따라서, 각 BMC와 각 PAN은 크기가 같다.

그리고 점 M은 직선 MA에 놓여 있는 임의의 점이다.

그러므로 이 정의에 나오는 평면각은 직선 AM의 모든 점에서 크기가 같다.

(2) 평면 NAP에서, 점 A를 중점으로 원을 그려서, 호 NDP를

그려라. 그리고 반지름 AD를 그어라.

평면 NAP와 평면 CMB는 둘 다 직선 MA와 수직이니, 이들은 서로 평행하다. [11권 법칙 14] 그러므로 평면 MAD가 이들과 만나서 생기는 교선 AD와 교선 ME는 서로 평행하다. [11권 법칙 16] 따라서 각 BME와 각 PAD는 크기가 같다. [11권 법칙 10]

만약 평면각 NAD와 평면각 DAP가 크기가 같으면, 이면각 NAMD는 이면각 DAMP와 크기가 같다. 왜냐 하면, 만약 AM은 그대로 있으면서 각 PAD를 옮겨서 각 DAN에다 겹쳐 놓으면, 대응하는 이면각들도 겹쳐져서 일치하게 되기 때문이다.

이 결과를 계속해서 적용하면, 만약 각 NAD와 각 DAP가 어떤 크기의 각을 어떤 개수만큼 포함하고 있으면, 이면각 NAMD와 이면각 DAMP도 그에 대응하는 이면각을 같은 개수만큼 포함하고 있음을 알 수 있다.

그러므로 각 NAD와 각 DAP를 같이 잴 수 있는 경우, 그들에 대응하는 이면각들도 크기 비율이 같다.

그러고 나서, 르장드르는 평면각들을 같이 잴 수 없는 경우를 증명해 놓았다. 그는 [기하학 원론] 6권 법칙 1을 일반화한 법칙을 만들어 놓았는데(6권 법칙 1 해설 참조), 그것을 써서 증명해 놓았다.

현대 교과서들은 극한을 써서 일반화해 놓는다.

정의 7

어떤 평면들이 만나고 또 어떤 평면들이 만나는데, 이들이 같은 각으로 만난다는 말은, 앞에서 말한 평면과 평면이 만드는 각들이 서로 크기가 같다는 말이다.

정의 8

평행한(나란한) 평면들이란 서로 만나지 않는 평면들을 말한다.

해설 헤론도 평행한 평면들을 이렇게 정의하였다. 곡선의 '점근선(asymtote)'이라는 낱말은 '만나지 않음'을 뜻하는 그리스어 낱말로부터 유래되었다.

정의 9

닮은꼴 입체 도형들이란 같은 개수의 닮은꼴 평면 도형들로 둘러싸인 입체를 말한다.

정의 10

닮은꼴이며 같은 입체 도형들이란 같은 개수의 닮은꼴이며 같은 평면 도형들로 둘러싸인 입체를 말한다.

해설 정의 9와 정의 10은 많은 비판을 받았다. 정의 10은 정의 9에 나오는 "닮은꼴"이라는 말을 "닮은꼴이며 같은"으로 바꿔 놓은 것에 불과하다. 정의 10에서 "같은"이라는 말은, 입체의 부피 또는 도형의 넓이가 같다는 뜻이다.

심슨은 입체 도형들의 부피가 같음은 증명해야 한다고 말했다. 옮겨서 겹쳐 놓는 방법을 쓰든, 또는 다른 방법을 쓰든. 그러니 정의 10은 정의가 아니라 법칙이며, 지금 이 자리에 있으면 안 된다. 게다가 심슨은 이 정의 또는 법칙이 항상 옳지는 않음을 보였다. 반례를 제시한 것이다. 그는 각뿔을 잡은 다음에, 이 각뿔의 밑면 양쪽으로 원래 각뿔보다 더 작은 각뿔을 잡았다. 즉 원래의 각뿔에서 조그마한 각뿔을 뺀 것과, 원래의 각뿔에다 조그마한 각뿔을 더한 것을 생각하면, 이 두 입체들은 정의 10의 조건을 만족하지만, 이들은 부피가 다르다. (작은 것은 오목하게 들어간 각을 가진다.) 이 반례는 또한, 어떤 동일한 평면각들을 가지고 두 개의 서로 다른 입체각들을 만들 수 있음을 보여 준다.

심슨은 정의 10을 "후대 사람들이 어설프게 덧붙여 놓았다."고 치부한 다음, 정의 9의 앞에다 입체각의 정의를 넣고, 닮은꼴 입체들을 다음과 같이 정의하였다.

"닮은꼴 입체들이란, 모든 입체각들이 그에 대응하는 입체각들과 각각 크기가 같고, 같은 개수의 닮은꼴 평면 도형들로 둘러싸인 입체들을 말한다."

르장드르는 이 정의들에 대해서 매우 값진 비판을 제시해 놓았다. (르장드르가 쓴 [Éléments de Géométrie] 14판) 그는 우선, 심슨이 지적하였듯이, 정의 10은 온당한 정의가 아니라 법칙이며, 따라서 증명하는 게 필요하다고 언급하였다. 두 입체들이 같은 개수의 닮은꼴이며 넓이가 같은 평면 도형들로 둘러싸여 있다 하더라도, 그들의 부피가 같은지 여부는 명백하지 않다. 만약에 그게 사실이라 하더라도, 겹쳐 놓거나 또는 다른 방법을 써서 증명해야 한다.

정의 10의 문제점은 정의 9에도 그대로 적용된다. 만약 정의 10이 증명되지 않았다면, 두 개의 입체가 같은 개수의 닮은꼴이며 넓이가 같은 (합동인) 면들을 가지면서, 서로 부피가 다르고 닮은꼴이 아닐 수 있음을 가정해야 한다. 그러나 이런 경우에, 어떤 입체가 이 두 입체들과 비교해서 닮은꼴인 면들을 가지면, 정의 9에 따라서, 이 두 입체들과 닮은꼴이다. 그러니 모순이 생기거나, 또는

'닮은꼴'이라는 낱말의 자연스러운 뜻과 어긋나게 된다.

그렇다면 우리는 유클리드의 정의 9, 10을 어떻게 변호해야 하겠는가? 유클리드가 실제로 정의 9, 10을 이용하여 입체들이 닮은꼴이다, 또는 부피가 같다고 증명한 예들을 보면, '세 개'보다 더 많은 평면각들로 구성된 입체각은 나오지 않는다. 그리고 세 개의 평면각들로 구성된 입체각들이 두 개가 있어서, 세 개의 평면각들이 각각 크기가 같으면, 두 입체각들이 서로 같음을, 유클리드는 분명하게 증명해 놓았다.

여기에 두 개의 다면체들이 있어서, 이들의 대응하는 면들이 서로 합동이라고 하자. 그러면 대응하는 입체각들은 같은 개수의 평면각들로 구성되어 있으며, 한 입체의 입체각을 구성하는 평면각들은 다른 입체의 그에 대응하는 입체각을 구성하는 평면각들과 각각 크기가 같다. 그러므로 만약 입체각을 구성하는 평면각들의 개수가 세 개인 경우만을 생각하면, 대응하는 입체각들은 서로 같다.

두 개의 다면체들이 있어서, 대응하는 면들이 서로 합동이고, 대응하는 입체각들이 서로 같으면, 두 다면체들은 서로 합동이 된다. 왜냐 하면, 이들을 옮겨서 겹쳐 놓으면 일치하게 되거나, 또는 서로 대칭인 모양이 되기 때문이다. 그러니 입체들의 입체각들이 세 개의 평면각들로 구성된 경우만 따진다면, 정의 9, 10은 아무런 문제도 없으며, 받아들여 사용해도 된다. 유클리드는 그런 경우만 다루어 놓았다.

심슨은 정의 10이 옳지 않음을 보여 주는 반례로서, 안으로 오목하게 들어간 입체각을 가진 입체를 제시하였다. 유클리드도 그런 예를 알고 있었겠지만, 일부러 배제했음이 확실하다. 유클리드는 '볼록다각형'만을 다루려 한 것이다. 그러니 심슨의 반례가 정의 9, 10을 부수지는 못 한다.

르장드르의 관찰에 따르면, 심슨의 정의는 옳기는 하지만, 쓸데없이 많은 조건들을 담고 있어서 탈이다. 이런 난점들을 극복하기 위해서, 르장드르는 닮은꼴 입체에 관한 정의를 두 부분으로 갈랐다. 첫 번째 부분에서는 닮은꼴 삼각뿔(사면체)만을 정의하였고, 두 번째 부분에서는 첫 번째 부분을 바탕으로 일반적인 다면체에 대해서 닮은꼴을 정의하였다.

"두 개의 삼각뿔들이 있어서, 대응하는 면들이 서로 닮은꼴이고, 같은 위치로 놓여 있으며, 면들이 기운 정도가 같으면, 두 삼각뿔들은 서로 닮은꼴이다."

그 다음에, 다면체의 밑면에서 꼭짓점을 세 개를 잡아 삼각형을 만들고, 밑면에서 벗어나 다른 곳에 있는 다면체의 입체각들의 꼭짓점들을 잡아서, 밑면에서 잡은 삼각형을 공통 밑면으로 해서 삼각뿔들을 만든다고 생각할 수 있다. 이러한 삼각뿔들은 다면체의 입체각들의 꼭짓점들의 위치를 하나씩 하나씩 결정한다. 이것을 바탕으로 다음과 같이 정의할 수 있다.

"두 개의 다면체들이 있어서, 밑면들이 서로 닮은꼴이고, 밑면에서 벗어난 위치에 있는 입체각들의 꼭짓점들과 그에 대응하는 꼭짓점들이 닮은꼴 삼각뿔들의 꼭짓점으로 결정된다고 하자. 그러면 이 두 다면체들은 서로 닮은꼴이다."

실제로 코시(Cauchy)는 두 개의 '볼록다면체'들이 합동인 면들로 둘러싸여 있고, 그 면들이 같은 상태로 배열되어 있으면, 그 두 볼록다면체들은 합동임을 증명하였다. 르장드르는 코시가 증명한 것과 사실상 같은 효과를 가지는 법칙을 증명하였다.

"모든 입체각들이 세 개보다 더 많은 평면각들로 구성된 볼록다면체가 있다고 하자. 그러면 이 다면체의 면들의 배열을 그대로 유지하면서, 면들이 기운 정도를 바꿔서, 원래와 다른 볼록다면체를 만드는 것은 불가능하다."

모든 입체각들이 세 개보다 더 많은 평면각들로 구성된 볼록다면체를 만들려면, 주어진 다면체에서 삼면각을 만드는 삼각뿔들을 모두 잘라 버리면 된다. (만약 한 모서리가 두 개의 삼면각에 공통되면, 두 개의 삼면각들 중 일단은 한 개만 사라지게 된다.) 이렇게 잘라 내도 일반적인 볼록다면체의 합동 여부를 연구하는 것에 상관이 없는 까닭은, 삼면각들은 그 본성 때문에 바뀌지 않기 때문이다.

그러니 볼록다면체의 경우에만 적용하면, 헤론이 다면체의 합동에 대해서 정의한 것이 옳아 보인다. 그는 "같은 상태로 배열된"이라는 말을 추가해 놓았다. 합동인 다면체들이란, 같은 개수의 합동인 면들이 같은 상태로 배열된 것에 둘러싸인 입체들을 말한다.

헤론은 "닮은꼴 입체들이란 같은 개수의 닮은꼴인 면들이 같은 상태로 배열된 것에 둘러싸인 입체들"이라고 정의하였다. '볼록다면체'의 경우만 생각하면, 합동인 다면체에 대한 코시의 법칙이 진리이니, 이것에 대해서 반론을 제기할 사람은 없다.

정의 11

입체각이란 두 개보다 더 많은 직선들이 서로 만나고, 이들이 같은 평면에 놓여 있지 않을 때, 모든 직선들 방향으로 안에 들어가는 부분을 말한다.

달리 표현하는 법: **입체각**이란 두 개 이상의 평면각이 있어서, 이들이 같은 평면에 놓여 있지 않으며 한 점에서 각들을 만들었을 때, 이들로 둘러싸인 부분을 말한다.

해설 이 두 가지 표현들 중 전자는 유클리드의 말투가 아닌데, 하이베르그는 아마 유클리드가 그 이전의 책에서 따온 것이 아닐까 추측하였다.

두 가지 표현들 중 후자는 플라톤이 [티마에우스]에서 입체각에 대해 말한 것과 일치한다. 플라톤은 (1) 네 개의 정삼각형을 그렇게 같이 놓아서, 세 개의 평면각이 하나의 입체각을 만들고, (2) 여덟 개의 정삼각형을 그렇게 같이 놓아서, 네 개의 평면각이 하나의 입체각을 만들고, (3) 여섯 개의 정사각형을 그렇게 같이 놓아서, 세 개의 평면 직각이 하나의 입체각을 만드는 것을 말했다.

알다시피, 아폴로니우스는 각을 "어떤 선이나 면이 한 점에서 꺾여 있어서, 면이나 입체가 거기에서 모이는 것"이라고 정의하였다. 헤론은 "꺾인"이라는 말을 빼고, "일반적으로 입체각이란 면들이 한 점 방향으로 오목하게 되어 있을 때, 그 점을 향해서 면들이 모이는 것"이라고 정의하였다.

원뿔의 축을 지나는 삼각형을 가지고 원뿔을 절반으로 자르는 것을 프로클루스가 언급해 놓은 것을 보거나, 또는 이 정의에 대한 주석을 보면, 세 개보다 더 적은 면들(곡면 포함)로 둘러싸인 입체각을 표현하는 것을 놓고서 논란이 있었음을 추측할 수 있다. 유클리드의 정의는 입체각을 세 개 이상의 평면각들로 만든 것으로 규정하고 있다. 그러니 예를 들어 '공의 사분의 일'에서 생기는 입체각은 세 개의 면으로 구성되어 있지만, 그 중 한 면은 곡면이니, 유클리드의 정의는 이런 경우를 포함하지 않는다. 그래서 유클리드의 정의는 불충분하다고 탓하는 편찬가도 있다.

그러나 그 편찬가는 원뿔을 그 꼭짓점에서 절반으로 자른 것은 입체각이 아니라고 말한다. 왜냐 하면, 만약에 그렇다면 원뿔의 꼭짓점 자체가 각이 될 테니, 입체각이 두 개의 면으로 구성되어 있으면서, 동시에 입체각이 한 개의 면으로 구성되어 있다. "이것은 옳지 않다." 반면에 헤론은 평면 직선각들로 구성되지 않은 입체각에 대해서 따로 말해 놓았다. "예를 들어 원뿔의 각."

후자의 각을 평면각들로 구성된 입체각의 '극한'으로, 즉 한없이 많은 개수의 한없이 작은 평면각들로 구성된 입체각으로 나타내는 개념은 그리스 수학자들이 생각해 내지 못 했다.

현대 교과서들은 다면 입체각을 '세 개 이상의 평면이 한 점에서 만나 만드는 것' 또는 '세 개 이상의 평면이 한 점에서 만날 때, 만나는 곳에서의 그 평면들 사이의 열림'이라고 정의한다.

정의 12

각뿔(피라미드)이란 한 평면에서 한 점을 향해 만든 평면 도형으로 둘러싸인 입체를 말한다.

해설 이 정의는 명확하지가 않다. 헤론은 좀더 설명을 덧붙여서 정의해 놓았다. "삼각형, 사각형 등등 임의의 다각형을 밑면으로 하고, 거기에다 삼각형들을 붙여서 한 점에서 모이도록 했을 때 생기는 입체가 각뿔이다." 이것도 그다지 명쾌하지 않다.

현대 교과서들은 여러 가지 다양한 형태로 정의해 놓았다. 르장드르는 다음과 같이 정의하였다. "각뿔이란, 여러 개의 삼각면들이 한 점에서 시작하여 뻗어 나가다가, 한 평면 다각형의 제각각의 변에서 끝날 때 생기는 입체를 말한다."

테일러, 스미스와 브라이언트는 다음과 같이 말했다. "한 면을 제외한 나머지 면들이 모두 한 점에서 만나는 다면체."

멜러는 르장드르가 한 말을 거꾸로 하여서, 유클리드의 정의를 좀더 알기 쉽도록 만들어 놓았다. "n각뿔이란, 밑면이 n각형이며, n개의 삼각형들이 밑면의 각 변을 그 바깥의 어느 한 점으로 연결하고 있을 때, 그것들로 둘러싸인 입체를 말한다."

어떤 개수의 평면각들로 구성된 입체각이 있을 때, 어떤 평면이 그 입체각과 만나서 입체각을 자르면, 그 때 생기는 입체가 바로 각뿔임을 로젠버거가 지적하였다.

정의 13

각기둥이란 서로 반대 방향에 있는 두 도형들은 닮은꼴이며 크기가 같고 평행하고, 나머지 도형들은 평행사변형들인, 그런 도형들로 둘러싸인 입체를 말한다.

해설

테일러, 스미스와 브라이언트는 각기둥을 다음과 같이 정의하였다. "각기둥이란 두 개의 면들을 제외한 나머지 면들이 모두 한 직선에 평행한 다면체를 말한다."

멜러는 n각기둥을 다음과 같이 정의하였다. "두 개의 평행한 면들과 n개의 면들이 있어서, n개의 면들의 교선들이 서로 평행할 때, 이들로 둘러싸인 입체를 말한다."

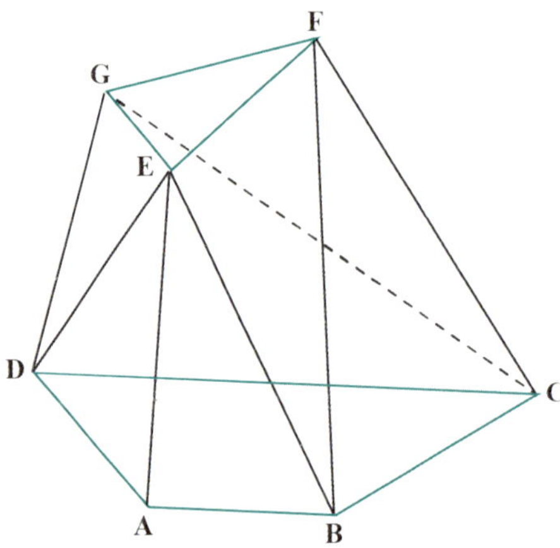

헤론은 각기둥을 좀더 넓은 의미로 정의하였다. "각기둥이란 다각형 밑면과 다각형 도형을 다각형들로 연달아 연결한 것을 말한다." 헤론이 뜻하는 것은, 어떤 다각형이 밑면을 이루고, 그것과 다른 평면에 놓여 있는 다각형이 윗면을 이루고, 밑면과 윗면을 선분으로 이어서 삼각형 모양의 옆면들을 만들었을 때 생기는 볼록다면체를 말한다.

이 때 이웃한 두 개의 삼각형이 한 평면에 놓여서, 사각형이 생길 수도 있다. 이 그림을 참조하기 바란다. 여기서 ABCD는 밑면, EFG는 윗면을 나타낸다. 헤론은 계속해서 다음과 같이 설명했다. 만약에 밑면의 맞은편에 있는 것이 면이 아니라 선이 되면, 밑면과 맞은편의 선을 선분으로 연결하여서 생기는 입체는 각뿔도 아니고, 각기둥도 아니다. 그리고 그는 '평행면 각기둥'을 정의해 놓았다. 이것은 여섯 개의 면을 가지고, 각각의 면들이 맞은편의 면들과 평행한 입체를 말한다.

정의 14

반원의 지름을 고정시킨 다음 반원을 돌려서 원래 위치로 돌아가도록 하면, 이 때 반원에 둘러싸인 입체가 구(공)이다.

해설 이것은 구(공)의 정의라고 하기보다, 구를 만드는 방법을 설명해 놓은 것이라고 주석자는 평하였다. 그렇지만 13권 맨 뒤의 법칙들을 보면, 유클리드가 왜 이런 식으로 구를 정의하였는지 알 수 있다. 유클리드는 정다면체들을 구의 속에다 '집어 넣기' 위해서, 정다면체들의 꼭짓점들이 구의 표면에 놓임을 증명해야 하는데, 구를 이런 식으로 보는 방법을 사용하고 있다. 유클리드는 구의 어떤 지름을 잡은 다음, '그 지름에다 그려 놓은 반원'에 꼭짓점들이 놓임을 증명한 것이다.

구의 진짜 정의에 대해서, 그 주석자는 테오도시우스가 쓴 [Sphaerica]를 언급하였다. 물론 올바른 정의는 훨씬 이전부터 알려져 있었다. 아리스토텔레스는 구의 성질을 "그 끝이 중점으로부터 일정한 거리에 있는 것"이라고 하였다. ([천체론]) 헤론은 유클리드와 같은 방식으로 구를 정의하였다. "구란 한 개의 면으로 둘러싸인 입체인데, 그 내부의 한 점에서 면으로 그은 선분들이 모두 길이가 같다." 현대 교과서들은 구(구의 표면)를 다음과 같이 정의하였다. "구란 내부의 한 점으로부터 거리가 모두 같은, 닫혀 있는 곡면이다."

정의 15

구(공)의 축이란 반원을 돌릴 때 고정되어 있던 선분, 즉 반원이 회전할 때의 축을 말한다.

해설 헤론은 원의 지름은 모두 축이 될 수 있음을 분명하게 했다. "구의 지름은 축이라고 부른다. 구의 중점을 지나고, 양쪽 모두 구의 표면에서 끝나는 선분이면, 그 선분을 고정시키고, 그 선분을 회전축으로 해서 구를 돌릴 수 있다." 유클리드의 정의 17을 참조하기 바란다.

정의 16

구의 중점(중심)이란 반원의 중점을 가리킨다.

해설 헤론은 다음과 같이 정의하였다. "구의 가운뎃점을 그 중점이라 부른다. 바로 이 점이 반구의 중점이기도 하다."

정의 17

구의 지름이란 중점을 지나며 양쪽 다 공의 표면에서 끝나는 선분을 말한다.

정의 18

직각삼각형에서 직각을 끼고 있는 한 변을 고정시킨 다음 삼각형을 돌려서 처음에 움직이기 시작했던 위치로 되돌아가도록 하면, 이 때 삼각형에 둘러싸인 입체가 **원뿔**이다. 만약 이 때 고정시킨 선분이 직각을 끼고 있는 나머지 한 변과 길이가 같으면, 이 원뿔은 **직각**이다. 만약 더 짧으면, 이 원뿔은 **둔각**이다. 만약 더 길면, 이 원뿔은 **예각**이다.

해설 이것도 정의라고 하기보다, 직원뿔을 만드는 방법을 설명해 놓은 것이라고 보아야 한다. 이게 흥미로운 점은, 직각 원뿔, 둔각 원뿔, 예각 원뿔을 구별해 놓은 것이다. [기하학 원론]에서 이걸 굳이 구별해 놓을 필요는 없다 [기하학 원론] 12권에서도 유클리드는 이런 구별을 사용하지 않고 있다. 이건 아마, 유클리드 이전의 시대에 기하학자들이 원뿔곡선을 만드는 방법이 유클리드의 시대에도 남아 있었다는 흔적 같다.

유클리드 이전 시대의 기하학자들은 원뿔곡선을 만들 때 항상 원뿔의 모서리와 수직인 평면으로 잘랐다. 이런 식으로 자르면, '직각 원뿔'을 자를 때 생기는 것이 포물선이고, '둔각 원뿔'을 자를 때 생기는 것이 쌍곡선이고, '예각 원뿔'을 자를 때 생기는 것이 타원이다. 아르키메데스를 비롯해서, 아폴로니우스의 시대에 이를 때까지, 기하학자들은 원뿔곡선을 이렇게 구별하였다.

아폴로니우스는 원뿔의 모서리와 수직이 아닌 평면으로 자르는 방법을 써서, 그리고 일반적인 '비스듬한' 원뿔들로부터, 원뿔곡선들을 만드는 방법을 완전하게 정립해 놓았다. 아폴로니우스가 쓴 책인 [원뿔곡선]을 보면, 그는 우선 원뿔을 과학적으로 정의해 놓았다. 한 점을 고정시켜 놓고, 한없이 긴 직선이 항상 그 점을 지난다고 하자. 그 점과 같은 평면에 놓여 있지 않은 원을 주고, 직선이 그 원둘레를 따라 움직이도록 해라. 그러면 이 직선은 움직이면서, 두 개의 원뿔의 표면을 그린다. 즉 고정시켜 놓은 점에서 만나고, 그 양쪽으로 똑같은 모양의 원뿔을 그린다. 이 점은 원뿔들의 꼭짓점이 된다. 직선이 따라 움직인 원과 꼭짓점 사이에 놓이는 원뿔을 생각하면, 그 원뿔의 밑면은 바로 그 원이다. 그 원뿔의 축은, 밑면을 만드는 원의 중점과 원뿔의 꼭짓점을 잇는 선분을 말한다. 축이 밑면에 수직인 경우를 제외하고, 나머지 경우는 모두 원뿔이 '비스듬하다'고 아폴로니우스는 말했다. 축이 밑면에 수직인 경우는 수직(직각) 원뿔이라고 불렀다.

아르키메데스는 수직 원뿔을 이등변 원뿔이라고 불렀다. 그리고 그가 쓴 [원뿔과 회전체]에서, 예각 원뿔을 잘랐을 때 생기는 곡선(타원)이 비스듬한 원뿔을 잘랐을 때 생기는 곡선임을 그 원형 단면을 찾음으로써 증명한 것을 보면, 만약에 아르키메데스가 원뿔을 정의했다면, 아폴로니우스와 같은 방법으로 정의했을 것임을 알 수 있다.

정의 19

원뿔의 축이란 삼각형을 돌릴 때 고정되어 있던 선분, 즉 삼각형이 회전할 때의 축을 말한다.

정의 20

원뿔의 밑면은 선분이 돌면서 그린 원을 말한다.

정의 21

직사각형의 한 변을 고정시킨 다음 직사각형을 돌려서 처음에 움직이기 시작했던 위치로 돌아가도록 하면, 이때 직사각형에 둘러싸인 입체가 **원기둥**이다.

정의 22

원기둥의 축이란 이 때 고정되어 있던 선분, 즉 직사각형이 회전할 때의 축을 말한다.

정의 23

원기둥의 밑면들은 서로 반대쪽에 있는 두 선분들이 돌면서 그린 원들을 말한다.

정의 24

닮은꼴 원뿔들과 **닮은꼴 원기둥들**은 축과 밑면의 지름이 비례하는 것들을 말한다.

정의 25

정육면체는 똑같은 크기의 정사각형 여섯 개로 둘러싸인 입체를 말한다.

정의 26

정팔면체는 똑같은 크기의 정삼각형 여덟 개로 둘러싸인 입체를 말한다.

정의 27

정이십면체는 똑같은 크기의 정삼각형 스무 개로 둘러싸인 입체를 말한다.

정의 28

정십이면체는 똑같은 크기의 정오각형 열두 개로 둘러싸인 입체를 말한다.

clide
ometry

11권

공간기하

법칙

법칙 1

직선의 일부분이 한 평면에 놓이고 또 일부분은 그 평면의 위에 떠 있을 수는 없다.

증명 만약에 이게 가능하다면, 직선 ABC의 일부분 AB는 평면에 놓여 있고 일부분 BC는 평면의 위에 떠 있다고 하자.

그러면 AB와 이어진 어떤 직선이 이 평면에 놓이게 된다. 이것을 BD로 나타내자. 그러면 AB는 두 직선 ABC, ABD의 공통 부분이다. 그러나 이건 불가능하다. 왜냐하면, 만약 B를 중점으로, AB를 반지름으로 하여 원을 그리면, 지름들이 서로 다른 원둘레들을 자르게 되기 때문이다.

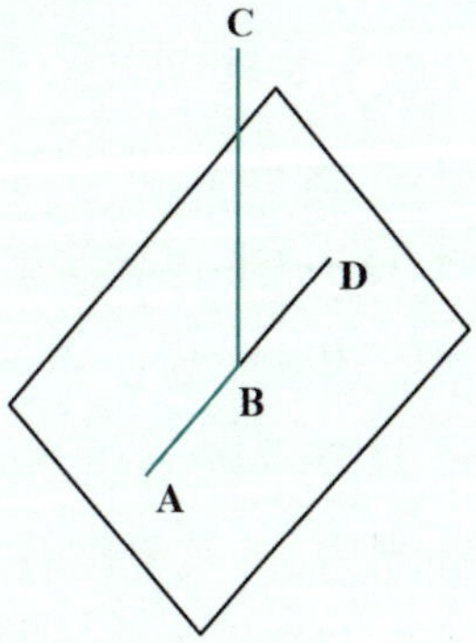

그러므로 직선의 일부분이 평면에 놓이면서 일부분은 평면에서 떨어져 있을 수는 없다.

그러므로 이 법칙이 성립한다. □

해설 유클리드는 법칙 1, 2, 3을 만족스럽게 증명할 수 없었다. 그가 평면을 정의한 것을 이 법칙들을 증명하는 데 사용할 수 없었기 때문이다. 실제로 이 법칙들의 증명은, 공리로서 받아들여야 할 사실들에 바탕을 둔다.

"평면은 직선들이 쭉 곧게 있는 것"이라는 정의가 도대체 무엇을 의미하든 간에, 주어진 면이 평면인지 아닌지 여부를 판단하는 기준으로 이것은 전혀 쓰이지 않고 있다. 이것의 의미가 내가 1권 정의 7에서 설명해 놓은 것처럼, 플라톤이 "중간이 끝을 덮는다."고 말한 그런 뜻을 시각에 의존하지 않고 표현한 것이라면(즉 평면의 경우 모서리 위치에서 똑바로 보면 직선처럼 보임), 평면을 만드는 방법과 이 정의를 결합하여서, 평면의 정의를 좀더 낫게 만들 수 있을 것이다. 많은 저자들이 그런 식으로 써 놓았다.

어떤 직선과, 그 직선에 놓여 있지 않은 한 점이 있다고 하자. 우리가 눈의 위치를 잘 맞춰서, 플라톤의 표현처럼 그 직선이 한 점을 "덮는다."고 하자. 그러면 그 점과 직선의 점을 지나는 모든 직선을 원래 직선이 덮게 된다. 그러니 한 점을 고정시켜 놓고, 그 점을 지나지 않는 한 직선을 고정시켜 놓은 다음, 어떤 직선이 항상 그 고정된 점을 지나면서 주어진 직선의 점들을 따라 움직이도록 하면, 이 직선은 움직이면서 어떤 면을 그리는데, 그 면이 바로 내가 해석한 것에 따른 유클리드의 정의를 만족하는 평면이다.

그러나 우리가 "어떤 점이 고정되어 있고, 그 점을 지나지 않는 한 직선이 고정되어 있을 때, 고정된 점을 항상 지나면서 그 직선의 점들을 따라 어떤 직선이 움직인 궤적이 평면이다."라고 정의를 하면, 11권 법칙 2를 증명하는 데에는 도움이 되지만, 이게 평면의 근본 성질들을 제공하지는 못 한다. 그러니 공리를 추가해야 한다.

평면을 결정하는 데 필요한 것 이상을 정의로 택해도 마찬가지이다. 심슨의 정의를 보자. “평면이란 어떤 면인데, 만약 직선이 이 면과 두 점에서 만나면, 그 직선은 이 면에 완전히 놓이게 된다.” 사실 이 정의는 스미르나의 테온 시대에 이미 알려져 있었다. 이것을 ‘평면의 공리’라고 부른다. (평면에 대한 다른 정의들을 바탕으로 이것을 증명하려는 시도가 많이 있었다. 1권 정의 7 해설을 참조하기 바란다.) 만약 이 평면의 공리를 받아들이면, 법칙 1은 자명해진다. 르장드르가 말한 것처럼, “평면의 정의에 따라서, 한 직선이 평면과 두 점에서 만나면, 그 직선은 평면에 완전히 놓인다.”

증명 과정에서 유클리드가 “그러면 AB와 이어진 어떤 직선이 이 평면에 놓이게 된다.”라고 말한 대목에서, 유클리드는 사실상 이 공리를 가정하고 있다. 클라비우스는 유클리드의 평면의 정의로부터 이것을 끌어 내려고 시도했지만 실패로 끝났다. 그도 자신의 실패를 인정하는 것 같다. 그는 또 다른 방법으로 증명하려고 시도했기 때문이다.

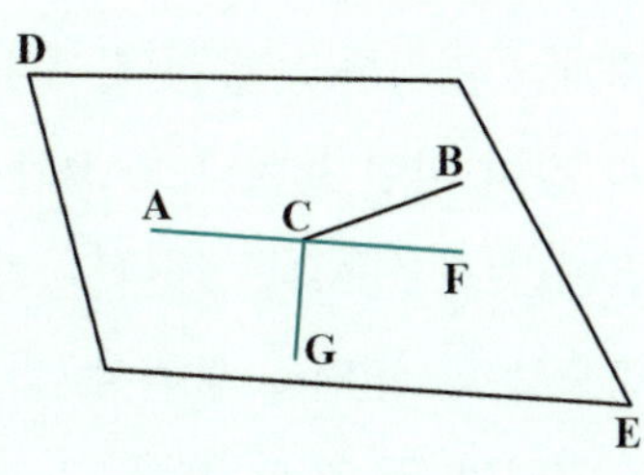

“직선 AC와 수직이 되도록, 직선 CG를 평면 DE에 놓이도록 그어라. [1권 법칙 11] 그리고 직선 CG와 수직이 되도록, 직선 CF를 평면 DE에 놓이도록 그어라. [1권 법칙 11] 그러면 AC, CF는 직선

CG와 직각을 이루면서 같은 평면에 놓여 있다. 그러므로 1권 법칙 14에 따라서, ACF는 한 직선이 된다."

그러나 이건 아무런 보탬도 되지 않는다. 왜냐 하면, 유클리드는 11권은 물론 1권에서도, 한 평면의 두 점을 잇는 직선은 완전히 그 평면에 놓이게 됨을 묵시적으로 가정하고 있기 때문이다.

유클리드가 증명한 과정에서, 두 개의 직선이 왜 한 선분을 공유할 수 없는지 제시해 놓은 이유가 흥미롭다. 유클리드의 논리는 프로클루스가 1권 법칙 1에서 그것을 '증명'한 것과 똑같다. (1권 공리 2 해설 참조.) 물론 확실하게 증명하지 못 하고 있다.

두 개의 직선이 왜 한 선분을 공유할 수 없는가 하는 것은 직선의 정의와 관계가 있다. 즉 직선에 관한 공리로서 받아들여야 한다. 여기에 제시해 놓은 '증명'은, 내 생각으로는, 유클리드의 것인 것 같지가 않다. 물론 누군가 다른 사람이 한 것이라면, 아주 초기에 덧붙여졌을 것이다.

증명 과정을 보면, 어떤 원을 그릴 수 있어서, BA, BC, BD를 자르게 된다고 가정하고 있다. 바꿔 말하면, AD, BC가 한 평면에 놓여 있다고 가정하고 있다. 그러니 법칙 1의 증명 과정이 법칙 2의 결과를 가정하고 있는 것이다. 그 때문에 심슨은 증명 방법을 다음과 같이 바꿔 놓았다. (AB와 같은 평면에 놓이도록 BD를 잡은 다음에) "직선 AD를 지나는 평면을 아무것이나 잡은 다음에, AD를 축으로 그 평면을 돌려서, 그 평면이 점 C를 지나도록 만들어라.

그러면 두 점 B, C가 그 평면에 놓여 있으니, 직선 BC는 그 평

면에 놓여 있다. [심슨의 정의]

그러므로 두 직선 ABC, ABD가 한 평면에 놓여 있으면서, 선분 AB를 공유하고 있다. 이것은 모순이다."

맨 마지막의 추론은, 1권 법칙 11에 대한 심슨의 딸린 법칙으로부터 나온다. 그렇지만 우리가 이미 보았듯이, 이것은 이 가정을 올바르게 증명한 게 아니며, 1권 공리 2가 이것을 함축하고 있다.

본문 내용에서, "그러나 이건 불가능하다."라는 말 다음에, "왜냐 하면, 직선과 직선은 한 점보다 더 많은 곳에서 만나지 않기 때문이다. 그렇게 되면 직선들은 서로 일치한다."라고 되어 있는 그리스어 책도 있다. 어쩌면 테온이 쓴 것 같다.

심슨(Robert Simson, 1687 ~ 1768)은 (그가 사용한 책에는 "그렇게 되면"으로 시작하는 두 번째 문장이 없었던 것 같다.) 이렇게 바꿔 놓은 것을 공격하여서, 심프슨(Thomas Simpson, 1710 ~ 1761)의 비판을 반박해 놓았지만, 심슨의 글은 혼란을 내포하고 있으며, (내가 보기에는) 충분한 이유가 없다.

이렇게 바꿔 놓은 것은 정당한 논리 전개이다. 두 직선 ABC, ABD가 두 점보다 더 많은 곳에서 만나고 있다. 즉 A와 B 사이의 모든 점에서 만나고 있다. 그런데 두 직선이 두 점 이상을 공유하면, 그들은 서로 일치해야 한다. 그러므로 ABC와 ABD는 일치해야 한다.

법칙 2

두 직선이 서로 만나면 이들은 한 평면에 놓이며, 모든 삼각형은 한 평면에 놓인다.

증명 두 직선 AB, CD가 점 E에서 서로 만난다고 하자. 그러면 AB, CD는 한 평면에 놓이며, 모든 삼각형은 한 평면에 놓임을 보여야 한다.

EC, EB에서 아무 점이라도 좋으니 점 F, G를 잡아라. 선분 CB, FG를 그어라. 그리고 선분 FH, GK를 가로질러 그어라. 그러면 우선 삼각형 ECB가 한 평면에 놓임을 보이겠다.

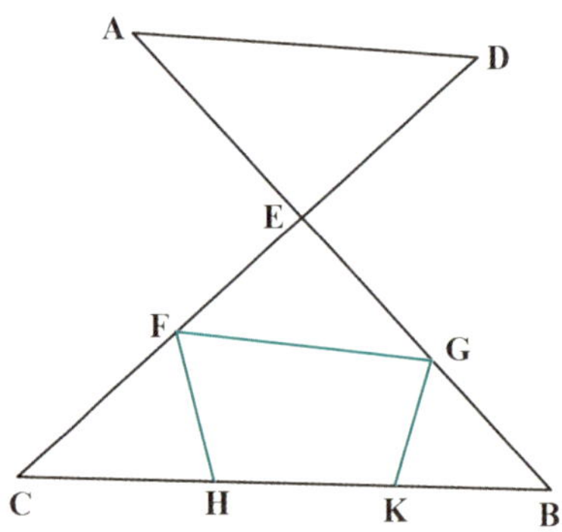

만약에 삼각형 ECB의 일부분, 예를 들어 FHC나 GBK가 한 평면에 놓이고 나머지 부분은 다른 평면에 놓이면, 직선 EC나 EB의 일부분은 한 평면에 놓이고 나머지 부분은 다른 평면에 놓이게 된다.

만약에 삼각형 ECB에서 FCBG부분이 한 평면에 놓이고 나머지 부분은 다른 평면에 놓이면, 두 직선 EC, EB의 일부분은 한 평면에 놓이고 나머지 부분은 다른 평면에 놓이게 된다. 그러나 이건 불가능함을 이미 증명하였다. [11권 법칙 1] 그러므로 삼각형 ECB는 한 평면에 놓인다.

그런데 삼각형 ECB가 어떤 평면에 놓이든, 두 선분 EC, EB는 그 평면에 놓인다. 그리고 두 선분 EC, EB가 어떤 평면에 놓이든, 두 직선 AB, CD는 그 평면에 놓인다. [11권 법칙 1] 그러므로 두 직선 AB, CD는 한 평면에 놓이며, 모든 삼각형들은 한 평면에 놓인다.

그러므로 이 법칙이 성립한다. □

해설 유클리드가 이 법칙을 '증명'해 놓은 것은 아무 쓸모도 없음을 시인

해야 한다. 우선, 유클리드는 원래 삼각형의 일부분을 이루는 특정한 삼각형들과 특정한 사각형에 대해서만 증명해 놓았다. 그러나 우리가 아는 것들만 가지고는, 삼각형의 일부분이 (이를테면) 곡선으로 둘러싸여 있어서, 그 평면에 놓여 있지 않을 지도 모른다.

심슨은 이 법칙을 다음과 같이 바꾸는 편이 낫다고 했다. 나도 심슨의 의견에 동의하는 바이다.

"서로 만나는 두 직선은 한 평면에 놓인다. 그리고 세 직선이 모두 서로 만나면, 이들은 한 평면에 놓인다."

그렇지만 심슨의 그림보다 스미스와 브라이언트의 그림을 택하겠다. 세 직선 PQ, RS, XY가 모두 서로 만나며, 이들이 만나는 점이 A, B, C라 하자.

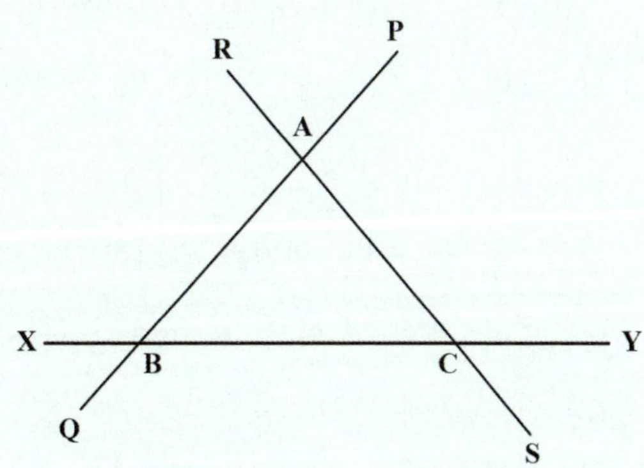

그러면 심슨의 증명 방법은 다음과 같다. (르장드르도 이 방법을 택했다.) 어떤 평면이 직선 PQ를 지난다고 하자. PQ를 축으로 (PQ는 한없이 길게 뻗어 있다.) 이 평면을 돌려서, 점 C를 지나도록 만들어라. 그러면 점 A, 점 C는 이 평면에 놓여 있으며, 따라서 선분 AC는 이 평면에 놓여 있으며, 따라서 한없이 길게 뻗어 있는 직선 RS는 완전히 이 평면에 놓여 있다. [심슨의 정의] 점 B, 점 C가 이 평면에 놓여 있으니, 마찬가지 이유로, 직선 XY는 완전히 이 평면에 놓여 있다.

그러므로 세 직선 PQ, RS, XY는 모두 (둘씩 잡아도 물론이다.) 한 평면에 놓여 있다.

그렇지만 이 세 직선을 지나는 평면이 '단 하나'뿐임을 증명하는 일이 남았다. 테일러가 편찬한 [기하학 원론]에서처럼, 이것은 다음과 같이 증명할 수 있다. 만약에 가능하다면, 두 개의 서로 다른 평면이 점 A, B, C를 지난다고 하자. 그러면 직선 BC, CA, AB는 각각의 평면에 완전히 놓인다. 어느 한 평면에 놓여 있는 임의의 직선은, 이 세 직선 중 적어도 두 직선과 만난다. (만약 필요하면, 이들을 길게 늘여라.) 두 직선과 만나는 점을 K, L이라 하자.

그러면 점 K, L은 두 번째 평면에도 놓여 있기 때문에, 직선 KL은 두 번째 평면에도 놓여 있다.

그러니 한 평면에 놓여 있는 임의의 직선은 다른 평면에도 놓여 있다. 그러므로 이들 두 평면은 면 전체에서 완전히 일치한다.

이것으로부터, 우리는 다음 사실을 알 수 있다.

다음 각각을 주면, 평면은 완전히 (단 하나로) 결정된다.

(1) 둘씩, 둘씩, 둘씩, 모두 서로 만나는 세 직선.
(2) 한 직선에 놓여 있지 않은 세 점.
(3) 서로 만나는 두 직선.
(4) 한 직선과, 그 직선에 놓여 있지 않은 한 점.

법칙 12

만약 두 평면이 서로 만나면 이들의 공통부분은 직선이 된다.

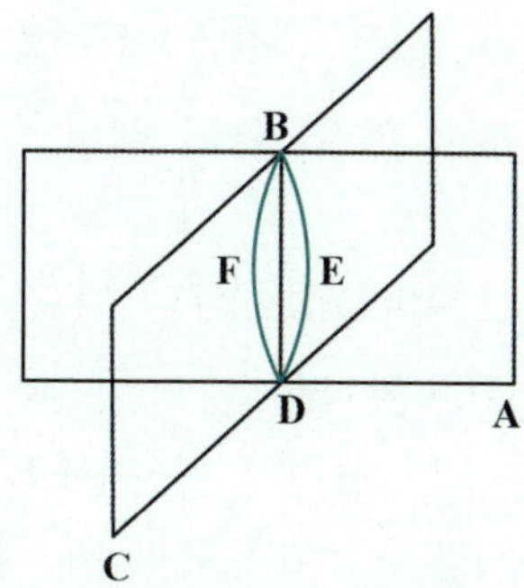

증명 두 평면 AB, BC가 서로 만난다고 하고, 이들의 공통부분이 선 BD라고 하자. 그러면 BD는 직선임을 보여야 한다.

만약에 이게 직선이 아니라면, 점 B와 점 D를 잇는 직선 BED를 평면 AB에 놓이도록 긋고, 직선 BFD를 평면 BC에 놓이도록 그어라. 그러면 두 직선 BED, BFD는 양 끝점이 같으며, 이들은 어떤 넓이를 감싸고 있다. 그러나 이건 불가능하다. 그러므로 BED, BFD는 직선이 아니다.

마찬가지 방법으로 B와 D를 잇는 선들 중에 두 평면 AB, BC의 공통부분(교선) BD를 제외하고는 어떠한 것도 직선이 아님을 보일 수 있다.

그러므로 이 법칙이 성립한다. □

해설 유클리드가 증명해 놓은 과정을 보면, “그러나 이건 불가능하다.”는 말 다음에, BED, BFD는 직선이 아니며, B와 D를 잇는 선들 중에, BD를 제외한 어떠한 선도 직선이 아님을 말하고 있는데, 심슨은 이 부분이 불필요하다고 주장했다. 이건 불가능하니, BD는 직선이 될 수밖에 없다고 바로 결론을 내릴 수 있다. 나도 심슨의 의견에 동의한다. 르장드르는 법칙 2를 바탕으로 증명하였다. “왜냐 하면, 만약에 이 두 평면에 공통으로 놓여 있는 세 점을 찾아서, 그 세 점이 한 직선에 놓여 있지 않으면, 문제의 두 평면이 그 세 점을 지나니, 그 두 평면은 한 개의 똑같은 평면이 되어야 한다.” (즉 르장드르는 세 점이 단 한 개의 평면을 결정함을 가정하고 있다. 그런데 이 가정은 법칙 2의 결과보다 더 많은 것을 내포하고 있다. 앞의 해설을 참조하기 바란다.)

현대 교과서에는 다음 법칙이 흔히 나온다. 증명 방법은 스타우트(von Staudt)가 고안하였다. (킬링이 쓴 [Grundlagen der Geometrie])

"두 평면이 한 점에서 만나면, 그들은 한 직선에서 만난다."

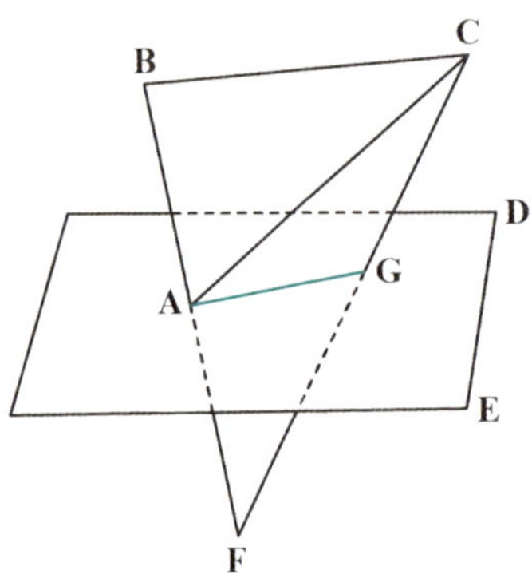

두 평면 ABC, ADE가 한 점 A에서 만난다고 하자.

평면 ABC에서 점 B, 점 C를 잡되, 이들은 평면 ADE에 놓이지 않고, 평면 ADE를 기준으로 어느 한쪽에 놓이도록 해라.

선분 AB, AC를 긋고, BA를 길게 늘여서 F를 잡아라. 선분 CF를 그어라. 그러면 B, F는 평면 ADE를 기준으로 서로 반대쪽에 놓여 있으니, C, F도 평면 ADE를 기준으로 서로 반대쪽에 놓여 있다.

그러므로 선분 CF는 평면 ADE와 어떤 점에서 만난다. 그 점을 G라 하자. 그러면 점 A, 점 G는 두 평면 ABC, ADE에 공통으로 놓여 있으니, 직선 AG는 두 평면에 공통으로 놓여 있다. [심슨의 정의]

지금 여기가 다음 법칙을 소개하기에 적당한 위치인 것 같다.

"세 평면이 모두 서로 만나면, 이 때 생기는 세 교선은 한 점에서 만나거나, 또는 모두 서로 평행하다."

세 평면이 모두 서로 만나는데, 이 때 생기는 교선을 AB, CD,

EF라 하자. AB, EF는 한 평면에 놓여 있다. 그러므로 이들은 한 점에서 만나거나, 또는 서로 평행하다.

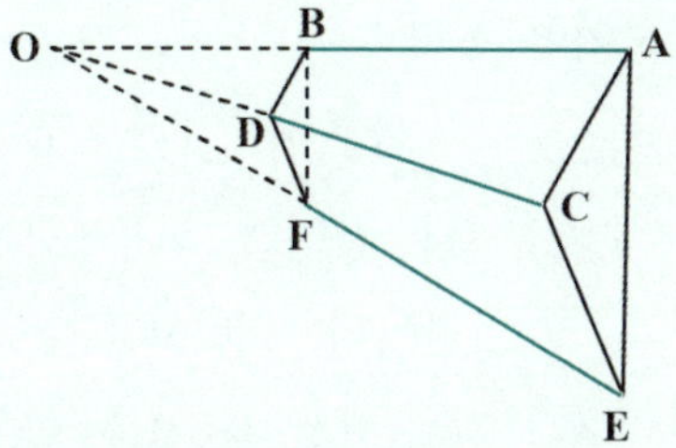

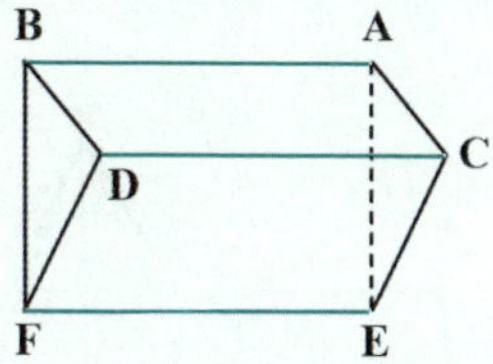

(1) 이들이 점 O에서 만난다고 하자.

O는 직선 AB의 점이니, 평면 AD에 놓여 있다. 그리고 O는 직선 EF의 점이니, 평면 ED에 놓여 있다. 그러므로 점 O는 평면 AD, 평면 DE에 공통되며, 따라서 이들의 교선 CD에 놓여 있어야 한다. 즉 CD를 길게 늘이면, 점 O를 지나간다.

(2) AB, EF가 만나지 않으며, 서로 평행하다고 하자.

그러면 직선 CD와 직선 AB는 만날 수 없다. 왜냐 하면, 만약에 이들이 만나면, (1)의 경우 증명한 것에 따라서, EF도 이들과 만나야 하기 때문이다. 그러므로 CD, AB는 만나지 않으며, 이들은 같은 평면에 놓여 있으니, 서로 평행하다.

마찬가지 이유로, CD, EF도 서로 평행하다.

법칙 4

두 직선이 서로 만날 때 이들의 교점에서 두 직선에 수직이 되도록 직선을 세우면, 이 직선은 두 직선을 포함하는 평면과 수직이다.

증명 두 직선 AB, CD가 점 E에서 만난다고 하자. 점 E에서 이 두 직선에 수직이 되도록 직선 EF를 세워라. 그러면 직선 EF는 AB, CD를 지나는 평면과 수직이 됨을 보여야 한다.

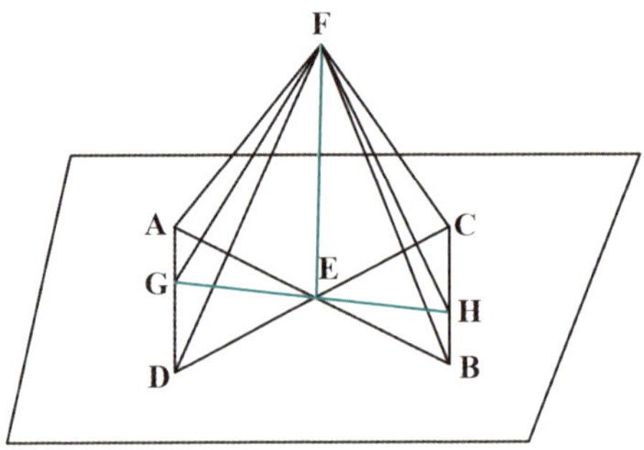

선분 AE, EB, CE, ED의 길이가 모두 같도록 잡아라. 그리고 E를 지나는 직선 GEH를 아무것이라도 좋으니 잡아라. 선분 AD, CB를 그어라. 그리고 직선 EF에서 아무 점이라도 좋으니 점 F를 잡은 다음, 점 F에서 선분 FA, FG, FD, FC, FH, FB를 그어라. 두 선분 AE, ED는 두 선분 CE, EB와 길이가 같고, 같은 크기의 각을 끼고 있으니 [1권 법칙 15], 밑변 AD와 밑변 CB는 길이가 같다. 따라서 삼각형 AED와 삼각형 CEB는 서로 똑같다. [1권 법칙 4] 그러므로 각 DAE와 각 EBC는 크기가 같다. 그런데 각 AEG와 각 BEH도 크기가 같다. [1권 법칙 15] 그러므로 두 삼각형 AGE, BHE는 두 각들이 두 각들과 각각 크기가 같으며, 한 변이 한 변과 길이가 같다. 즉 크기가 같은 각들에 붙어 있는 변 AE, EB가 길이가 같다. 그러므로 이 두 삼각형은 나머지 변들도 나머지 변들과 길이가 같다. [1권 법칙 26] 그러므로 GE와 EH는 길이가 같고, AG와 BH는 길이가 같다.

그런데 AE와 EB는 길이가 같고, FE는 공통이며 직각으로 만나니, 밑변 FA와 밑변 FB는 길이가 같다. [1권 법칙 4] 마찬가지 이유로 FC와 FD는 길이가 같다.

그런데 AD와 CB는 길이가 같고, FA와 FB는 길이가 같으니, 두 변 FA, AD는 두 변 FB, BC와 각각 길이가 같다. 그리고 밑변 FD와 밑변 FC는 길이가 같음을 보였다. 그러므로 각 FAD와 각 FBC는 크기가 같다. [1권 법칙 8] 그리고 AG와 BH는 길이가 같음을 보였고, FA와 FB는 길이가 같음을 보였으니, 두 변 FA, AG는 두 변 FB, BH와 각각 길이가 같다. 그리고 각 FAG와 각 FBH는 크기가 같음을 보였다. 그러므로 밑변 FG는 밑변 FH와 길이가 같다. [1권 법칙 4] 그리고 GE와 EH는 길이가 같음을 보였고, EF는 공통이니, 두 변 GE, EF는 두 변 HE, EF와 각각 길이가 같다. 그리고 밑변 FG는 밑변 FH와 길이가 같으니, 각 GEF와 각 HEF는 크기가 같다. [1권 법칙 8] 그러므로 각 GEF, HEF는 둘 다 직각이다. 그러므로 FE는 점 E를 지나도록 그은 직선 GH와 직각으로 만난다. 마찬가지 방법으로, FE는 이 평면에 놓이면서 FE와 만나는 모든 직선과 직각이 됨을 보일 수 있다. 그런데 어떤 직선이 어떤 평면과 만나면서, 그 평면에 놓여 있으면서 그 직선과 만나는 모든 직선과 수직으로 만나면, 그 직선은 그 평면과 수직이다. [11권 정의 3] 그러므로 FE는 그 평면과 수직이다. 그런데 그 평면은 두 직선 AB, CD를 포함하는 평면이다. 그러므로 FE는 AB, CD를 포함하는 평면과 수직이다.

그러므로 이 법칙이 성립한다. □

해설 유클리드는 다음과 같은 과정을 통해서 이 법칙을 증명하였다.

(1) 삼각형 AED, 삼각형 CEB는 합동이다. [1권 법칙 4]

(2) 삼각형 AEG, 삼각형 BEH는 합동이다. [1권 법칙 26] 그러

므로 AG와 BH는 길이가 같고, GE와 EH는 길이가 같다.

(3) 삼각형 AEF, 삼각형 BEF는 합동이다. [1권 법칙 4] 그러므로 AF와 BF는 길이가 같다.

(4) 삼각형 CEF, 삼각형 DEF는 합동이다. [1권 법칙 4] 그러므로 CF와 DF는 길이가 같다.

(5) 삼각형 FAD, 삼각형 FBC는 합동이다. [1권 법칙 8] 그러므로 각 FAG와 각FBH는 크기가 같다.

(6) 삼각형 FAG, 삼각형 FBH는 합동이다. [(2), (3), (5)와 1권 법칙 4] 그러므로 FG와 FH는 길이가 같다.

(7) 삼각형 FEG, 삼각형 FEH는 합동이다. [(2), (6)과 1권 법칙 8] 그러므로 각 FEG와 각 FEH는 크기가 같다. 그러므로 FE는 GH와 수직이다.

이 증명 과정이 너무 길기 때문에, 달리 증명하는 방법들이 제시되었다. 코시가 증명한 방법이 가장 널리 받아들여지고 있는데, 그 방법은 다음과 같다.

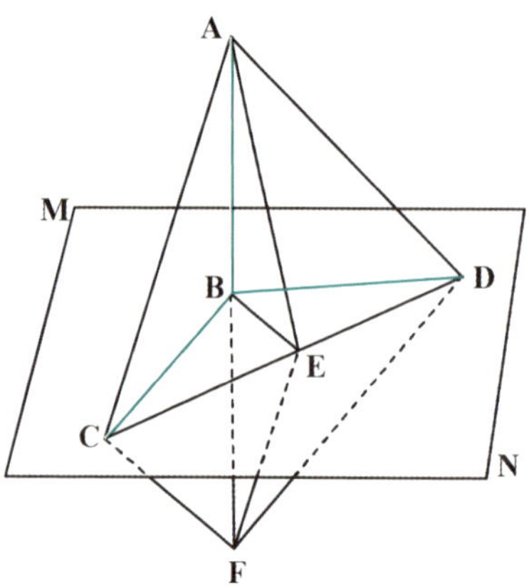

평면 MN에 놓여 있는 두 직선 BC, BD가 점 B에서 만나는데, 점 B를 지나고 그 두 직선에 수직이 되도록 AB를 그었다고 하자. 점 B를 지나고 평면 MN에 놓여 있는 임의의 직선 BE를 그어라. 선분 CD를 그어라. CD와 BE가 만나는 점을 E

라 하자. AB를 길게 늘여서, AB와 길이가 같도록 BF를 잡아라.

선분 AC, AE, AD, CF, EF, DF를 그어라. BC는 AF의 중점 B에서 AF에 수직이니, AC와 CF는 길이가 같다.

마찬가지 이유로, AD와 DF는 길이가 같다.

삼각형 ACD, 삼각형 FCD의 두 변 AC, CD가 두 변 FC, CD와 각각 길이가 같고, 세 번째 변 AD와 세 번째 변 FD도 길이가 같으니, 각 ACD와 각 FCD는 크기가 같다. [1권 법칙 8] 삼각형 ACE, 삼각형 FCE는 두 변들이 각각 길이가 같고, 그 사이에 낀 각이 크기가 같으니, EA와 EF는 길이가 같다. [1권 법칙 4] 이제 삼각형 ABE, 삼각형 FBE는 모든 변들이 각각 길이가 같다. 그러므로 각 ABE와 각 FBE는 크기가 같다. [1권 법칙 8] 그러므로 AB는 BE에 수직이다. 그리고 BE는 점 B를 지나고 이 평면에 놓여 있는 '임의의' 선분이다.

르장드르가 증명한 방법은 그렇게 쉽지 않지만, 아주 흥미롭다.

우선 각 CBD의 안에 놓여 있는 임의의 점 E에 대해서, 점 E가 선분 CD의 중점이 되도록 CD를 그어야 한다.

이것은 다음과 같이 하면 된다.

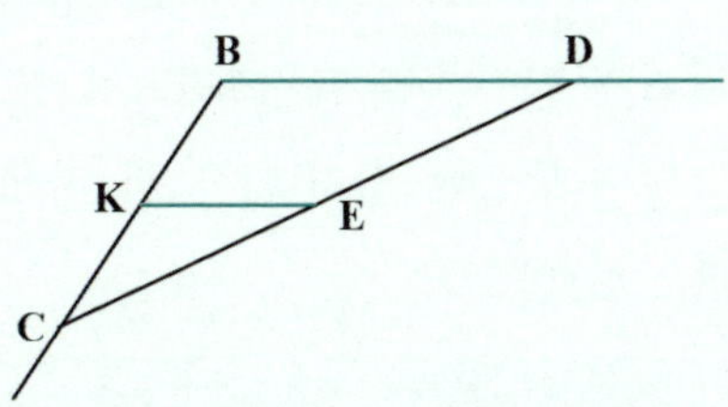

DB에 평행하도록 직선 EK를 그어서, 이 직선이 BC와 만나는 점을 K라 하자. BK와 길이가 같도록 KC를 잡아라.

CE를 긋고, CE를 길게 늘여서 BD와 만나는 점을 D라 하자. 그러면 CD가 바로 우리가 원하는 선분이다.

이제 앞의 그림에서 선분 AC, AE, AD를 그어라. 그러면 CD의 중점이 E이니,

(1) 삼각형 ACD에서,

$$AC^2 + AD^2 = 2AE^2 + 2ED^2$$

(2) 삼각형 BCD에서,

$$BC^2 + BD^2 = 2BE^2 + 2ED^2$$

이 두 식을 뺄셈을 해라. 그리고 삼각형 ABC, 삼각형 ABD가 직각삼각형임을 이용하면,

$$AC^2 - BC^2 = AB^2$$

$$AD^2 - BD^2 = AB^2$$

이니, 우리는

$$2AB^2 = 2AE^2 - 2BE^2$$

을 얻게 된다. 즉

$$AE^2 = AB^2 + BE^2$$

그러므로 1권 법칙 48에 따라서, 각 ABE는 직각이며, AB는 BE에 대해서 수직이다.

이 법칙으로부터, 수직선 AB가 점 A에서 평면 MN까지의 '최단거리'임이 나온다. 그리고 다음 사실도 쉽게 증명할 수 있다.

평면에 놓여 있지 않은 한 점에서 그 평면으로 비스듬한 선분들을 그으면,

(1) 수직선의 교점으로부터 같은 거리에서 그 평면과 만나는 선분들은 길이가 같으며,

(2) 수직선의 교점으로부터 다른 거리에서 그 평면과 만나는 두 선분은, 더 먼 거리의 선분이 더 길다.

마지막으로, 다음을 쉽게 알 수 있다.

"평면에 놓여 있지 않은 한 점에서 그 평면으로 그을 수 있는 수직선은 단 하나뿐이다."

만약에 가능하다면, 수직선을 두 개 그었다고 하자. 그 두 수직선을 지나도록 평면을 그려라. 그러면 이 평면과 원래 평면의 교선은 직선이 된다. 이 직선과 두 수직선은 평면 삼각형을 만들며, 이 삼각형은 두 개의 각이 직각이다. 이것은 모순이다.

법칙 5

세 직선이 한 점에서 만날 때, 이들의 교점에서 세 직선에 수직이 되도록 한 직선을 세울 수 있으면, 세 직선은 한 평면에 놓인다.

증명 세 직선 BC, BD, BE가 한 점 B에서 만나는데, 이 점에서 세 직선에 수직이 되도록 직선 AB를 세울 수 있다고 하자. 그러면 세 직선 BC, BD, BE는 한 평면에 놓임을 보여야 한다.

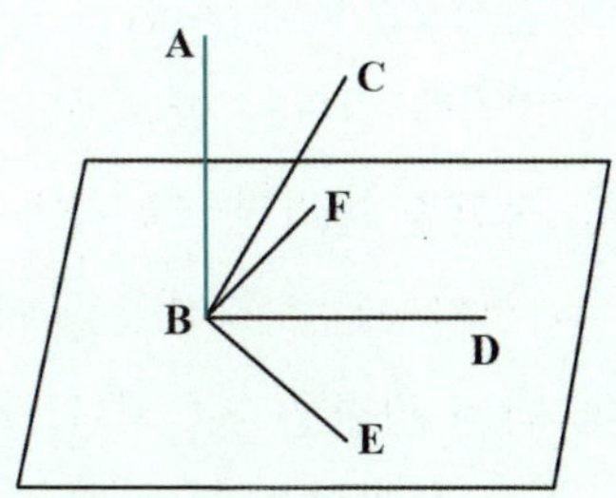

만약에 이들이 한 평면에 놓이지 않는다면, 예를 들어 BD, BE가 만드는 평면을 그리고, 그 위에 BC가 떠 있다고 하자. AB, BC를 지나는

평면을 만들어라. 그러면 이 평면과 BD, BE가 만드는 평면의 교선은 직선이 된다. [11권 법칙 3] 이것을 BF라 하자. 그러므로 세 직선 AB, BC, BF는 한 평면에 놓인다. 즉 AB, BC를 지나는 평면에 놓인다. AB는 두 직선 BD, BE와 수직으로 만나니, AB는 BD, BE를 포함하는 평면과 수직이다. [11권 법칙 4] 그런데 BD, BE를 포함하는 평면은 이 그림의 평면이다. 그러므로 AB는 이 그림의 평면과 수직이다. 그러므로 AB는 이 평면에 놓이며 AB와 만나는 모든 직선과 수직으로 만난다. [10권 정의 3] 그런데 BF는 이 평면에 놓여 있으며 AB와 만난다. 그러므로 각 ABF는 직각이다. 그런데 가정에 따라서 각 ABC도 직각이다. 그러므로 각 ABF와 각 ABC는 크기가 같다. 그리고 이들은 한 평면에 놓여 있다. 그러나 이건 불가능하다. 그러므로 직선 BC는 그 평면에서 떨어져 떠 있을 수가 없다. 그러므로 세 직선 BC, BD, BE는 한 평면에 놓인다. 그러므로 세 직선이 한 점에서 만날 때 이들의 교점에서 세 직선에 수직이 되도록 한 직선을 세울 수 있으면, 세 직선은 한 평면에 놓인다.

그러므로 이 법칙이 성립한다. □

해설 이 법칙으로부터, 다음이 성립하게 된다.

"직각을 만드는 한 직선을 고정시키고, 그것을 축으로 하여 다른 한 직선을 돌리면, 그 궤적은 평면이 된다."

직선의 한 점을 잡았을 때, 그 점을 지나고 주어진 직선에 수직이 되는 평면은 '단 하나'만 그릴 수 있다.

수직인 평면을 찾으려면, 주어진 직선 AO를 포함하는 두 평면

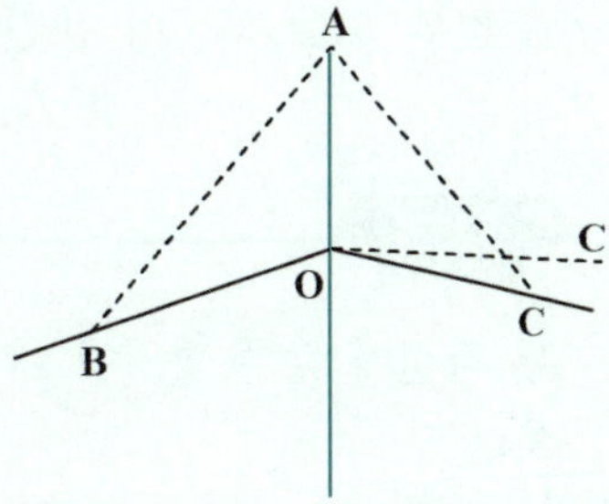

들을 아무것이나 좋으니까 AOB, AOC를 잡은 다음, 이들 평면들에 놓여 있으면서 AO에 수직이 되도록 직선 BO, CO를 그어라. 그러면 이 두 직선을 지나는 평면 BOC가 바로 AO에 수직인 평면이다.

만약에 O를 지나고 AO에 수직인 평면이 또 하나 있다면, 어떤 OC에 대해서, 그 평면은 AO를 지나고 그 평면에 수직인 평면과, OC와 다른 OC'에서 만나게 된다. 그러면 11권 법칙 4에 따라서, AOC'는 직각이며, 직각 AOC와 같은 평면에 놓여 있다. 이것은 모순이다.

그리고, "어떤 직선에 놓여 있지 않은 한 점을 잡았을 때, 그 점을 지나고 주어진 직선에 수직인 평면을 단 하나만 그릴 수 있다."

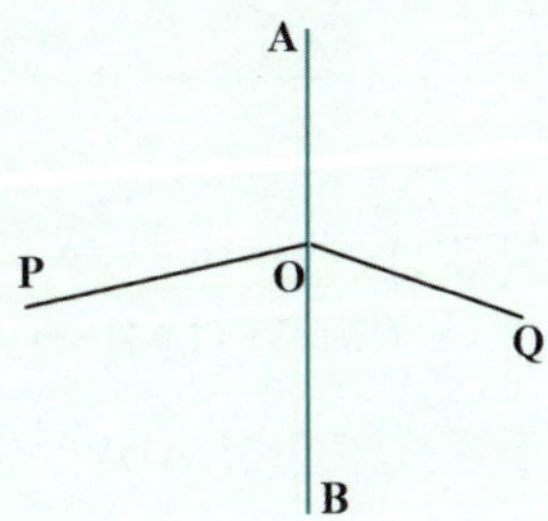

직선 AB를 주고, 이 직선에 놓여 있지 않은 점 P를 주었다고 하자.

P와 AB를 지나는 평면에서, AB에 수직이 되도록 PO를 그어라. 그리고 O를 지나고 AB에 수직이 되는 다른 직선 OQ를 그어라. 그러면 OP, OQ를 지나는 평면은 AB에 수직이다. 만약에 P를 지나고 AB에 수직인 평면이 하나 더 있다면,

(1) 그 평면은 AB와 O에서 만나지만 OQ를 지나지 않거나, 또는
(2) O가 아닌 다른 점에서 AB와 만난다.

두 경우 모두 모순이 생긴다.

법칙 6

두 직선이 같은 평면에 대해 수직이면, 두 직선은 서로 평행하다.

증명 두 직선 AB, CD가 한 평면과 수직이라고 하자. 그러면 AB와 CD는 평행함을 보여야 한다.

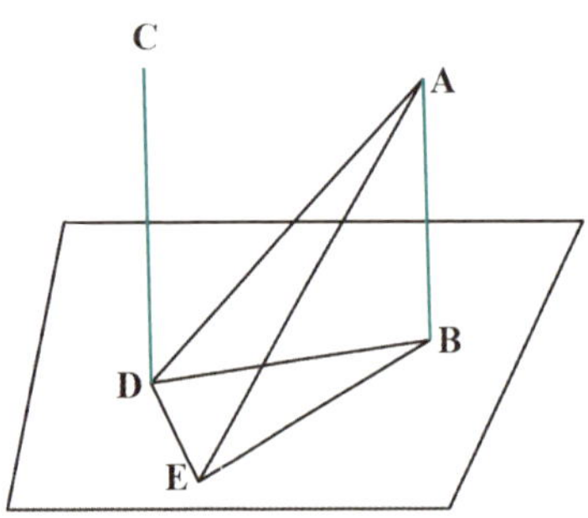

이들이 이 평면과 만나는 점들이 B, D라고 하자. 선분 BD를 그어라. 선분 BD에 직각이 되면서 이 평면에 놓이는 선분 DE를 그어라. DE의 길이가 AB의 길이와 같도록 잡아라. 선분 BE, AE, AD를 그어라. 직선 AB는 이 평면과 수직이니, 이 평면에 놓여 있으면서 AB와 만나는 모든 직선과 수직이다. [11권 정의 3] 그런데 두 선분 BD, BE는 이 평면에 놓여 있으면서 AB와 만난다. 그러므로 각 ABD, ABE는 둘 다 직각이다. 마찬가지 이유로 각 CDB, CDE도 둘 다 직각이다.

그리고 AB와 DE는 길이가 같고, BD는 공통이니, 두 변 AB, BD는 두 변 ED, DB와 각각 길이가 같다. 그리고 이들은 직각을 끼고 있다. 그러므로 밑변 AD와 밑변 BE는 길이가 같다. [1권 법칙 4]

그리고 AB와 DE는 길이가 같고, AD와 BE는 길이가 같으니, 두 변 AB, BE는 두 변 ED, DA와 각각 길이가 같다. 그리고 AE

는 공통인 변이다. 그러므로 각 ABE와 각 EDA는 크기가 같다. [1권 법칙 8] 그런데 각 ABE는 직각이다. 그러므로 각 EDA도 직각이다. 그러므로 ED와 DA는 직각으로 만난다. 그런데 ED는 두 직선 BD, DC와 직각으로 만난다. 그러므로 세 직선 BD, DA, DC가 만나는 점에서 이들에 수직이 되도록 직선 ED를 세웠다. 그러므로 세 직선 BD, DA, DC는 한 평면에 놓인다. [11권 법칙 5]

그런데 DB, DA가 어떤 평면에 놓이든, AB도 그 평면에 놓인다. 왜냐 하면, 모든 삼각형은 한 평면에 놓이기 때문이다. [11권 법칙 2] 그러므로 직선 AB, BD, DC는 한 평면에 놓인다. 그리고 각 ABD, BDC는 둘 다 직각이다. 그러므로 AB와 CD는 서로 평행하다. [1권 법칙 28]

그러므로 이 법칙이 성립한다. □

해설 기본 기하학에 나오는 법칙들의 순서를, 우리 모두 약속을 해서, 통일하는 게 필요하다고 믿는 사람은, 이 법칙과 이것의 역인 11권 법칙 8을 편찬가들이 제멋대로 배열한 것을 보고 희망을 버리기 바란다. 르장드르는 유클리드와 다른, 산뜻한 방법으로 증명해 놓았다. 그러나 르장드르는 우선 11권 법칙 8에다 자신의 방법을 적용하였으며, 그 후에 '모순을 이끌어 내는 방법'으로 11권 법칙 6을 증명하였다. 멜러는 르장드르의 증명 방법을 사용하였지만, 그 방법을 11권 법칙 6에다 적용하였으며, 11권 법칙 6을 써서 법칙 8을 이끌어 냈다. 라드너는 르장드르처럼 하였다.

최근에 미국에서 책을 펴낸 홀게이트(Holgate)는 법칙 6에 대한 유클리드의 증명 방법을 제시하였고, 모순을 이끌어 내는 방법으로 법칙 8을 증명하였다. 역시 미국 사람들인 슐츠(Schultze)와 세베노악(Sevenoak)은 법칙 8을 우선 보였지만, 11권 법칙 10의 뒤에 놓았으며, 그것을 써서 증명하였다. 그 다음에 11권 법칙 11, 12에 해당하는 법칙들을 넣었으며, 어떤 점에서 평면으로 단 하나의 수직선만 그을 수 있다는 법칙을 첨가한 다음, 11권 법칙 6을 넣었다. 증명 방법은, 사실상 법칙 8을 써서 '모순을 이끌어 내는 방법'으로 하였다.

이제 르장드르의 방법을 써서 법칙 6을 증명하겠다. (스미스와 브라이언트, 멜러가 채용하였다.)

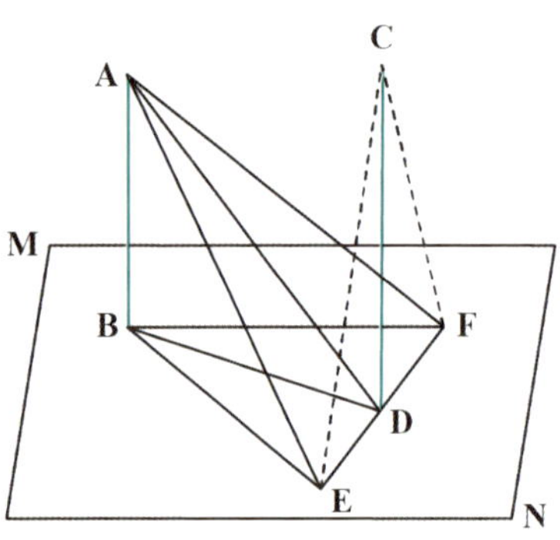

AB, CD가 둘 다 평면 MN에 수직이라고 하자.

선분 BD를 그어라.

BD는 AB, CD와 만나고, AB, CD는 둘 다 평면 MN에 수직이며, BD는 이 평면에 놓여 있으니, 각 ABD, 각 CDB는 둘 다 직각이다.

그러니 AB, CD가 '한 평면에 놓여 있음'만 보이면, 이들이 평행함을 증명한 게 된다.

선분 EDF를 평면 MN에 놓이도록 긋되, BD와 직각이 되도록 하고, ED와 DF는 길이가 같도록 해라. 선분 BE, BF, AE, AD, AF를 그어라. 그러면 1권 법칙 4에 따라서, 삼각형 BDE와 삼각형 BDF는 합동이며, 따라서 BE와 BF는 길이가 같다.

그리고 각 ABE, 각 ABF는 둘 다 직각이니, 삼각형 ABE와 삼각형 ABF는 합동이며, 따라서 AE와 AF는 길이가 같다.

(멜러는 여기서부터 다음과 같이 깔끔하게 증명해 놓았다. 선분 CE, CF를 그으면, CE와 CF는 길이가 같음이 명백하다. 그러므로 네 점 A, B, C, D는 제각각 두 점 E, F로부터 같은 거리만큼 떨어져 있다. "그러므로 네 점 A, B, C, D는 한 평면에 놓여 있다." 따라서 AB, CD는 평행하다. 그렇지만 우리는 고정된 두 점으로부터 같은 거리만큼 떨어져 있는 점들을 모두 모은 것이 평면이 됨을 사용하지 않기 위해서, 다음과 같이 증명해 나간다.)

삼각형 AED, 삼각형 AFD는 대응하는 변들이 각각 길이가 같다. 그러므로 1권 법칙 8에 따라서, 각 ADE와 각 ADF는 크기가 같다. 그러므로 ED와 AD는 직각을 이룬다. 그러므로 ED는 BD, AD, CD 모두와 직각을 이룬다. 그러므로 CD는 AD, BD를 지나는 평면에 놓여 있다. [11권 법칙 5] 그런데 AB도 그 평면에 놓여 있다. [11권 법칙 2] 그러므로 AB, CD는 같은 평면에 놓여 있다.

그리고 각 ABD, 각 CDB는 둘 다 직각이다. 그러므로 AB, CD는 평행하다.

법칙 7

평행선들이 있을 때, 거기에서 아무 점이라도 좋으니 점을 하나씩 잡아라. 그 점들을 잇는 선분은 평행선들과 같은 평면에 놓인다.

증명 AB, CD가 평행선들이라고 하자. 이들 각각에서 아무 점이라도 좋

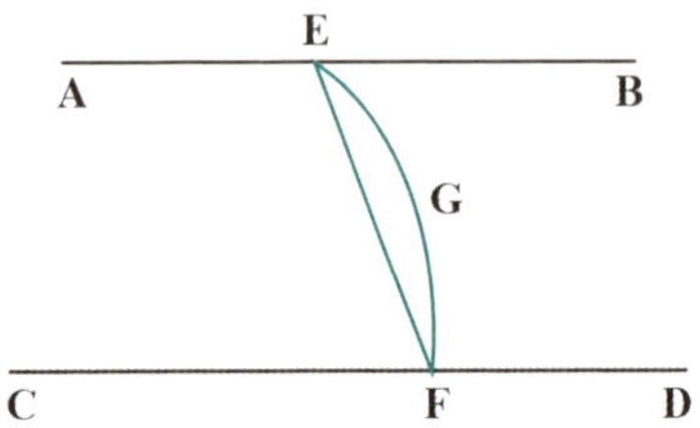

으니 점 E, F를 잡아라. 그러면 E, F를 잇는 선분은 두 평행선과 같은 평면에 놓임을 보여야 한다.

만약에 이게 그렇지 않다면, 이 선분이 EGF처럼 평면 위에 떠 있다고 하자. EGF를 지나는 평면을 그려라. 그러면 이 평면과 원래 평면이 만나는 부분(교선)은 직선이 된다. [11권 법칙 3] 이것을 EF라 하자. 그러면 두 선분 EGF, EF가 어떤 넓이를 둘러싼다. 그러나 이건 불가능하다. 그러므로 E, F를 잇는 선분은 평면 위에 떠 있을 수 없다. 그러므로 E, F를 잇는 선분은 두 평행선 AB, CD를 포함하는 평면에 놓이게 된다.

그러므로 이 법칙이 성립한다. □

해설 평면이란, 거기에서 두 점을 잡았을 때, 그 두 점을 잇는 직선이 완전히 거기에 놓이는 면이라고 정의를 하면, 유클리드가 표현해 놓은 이 형태로는 이 법칙이 아무런 의미가 없다. 그러나 유클리드는 평면을 이렇게 정의하지 않았다. 게다가 이 법칙을 다음과 같은 형태로 바꾸면, 11권 법칙 2를 보충해 주게 된다.

"두 개의 평행선은 평면을 결정하며(즉 '단 하나'의 평면만을 결정하며), 그 평면은 두 평행선의 점들을 잇는 직선을 모두 포함한다."

한 쌍의 평행선들을 지나는 평면이 두 개 이상이 될 수 없음은, 두 직선 또는 세 직선이 만날 때 그들을 지나는 평면이 단 하나밖에 없음을 앞에서 증명한 것과 비슷하게 증명할 수 있다. 즉 두 개의 평행선에 걸쳐 놓여 있는 선분이 한 평면에 놓여 있으면, 다른 한 평면에도 놓여 있어야 하니, 두 평면은 완전히 일치하게 된다. (법칙 2 해설 참조.)

이 법칙의 값어치가 무엇이든 간에, 심슨은 그것을 완전히 망쳐 놓았다. 심슨은 EGF를 지나는 평면을 만드는 과정을 빼놓은 것이다. 유클리드는 이 평면과 평행선들을 포함하는 평면과의 교선이 직선이 되어야 한다고 말했다. 심슨은 그 대신에, "평행선들이 놓여 있는 평면 ABCD에서, E와 F를 잇는 선분 EHF를 그어라."고 말했다.

물론 E와 F를 잇는 선분은 쉽게 그을 수 있지만, "평행선들이 놓여 있는 그 평면에서 그 선분을 긋는다."고 말하는 것은, 이 법칙이 증명하려고 하는 결과를 가정하고 있다. 우리가 여기서 주장할 수 있는 것은, E와 F를 잇는 선분이 평행선들을 포함하고 있는 '어떤' 평면에 놓여 있다는 것이 전부이다. 그러한 평면이 한 개보다 더 많이 있는지 여부는 알 수 없다. 즉 유클리드가 제시한 것과 비슷한 논리가 있어야, 두 개의 평행선이 '단 하나'의 평면을 결정함을 보일 수 있다. 심슨이 이 법칙을 해설하면서 언급해 놓은 것에도 동의할 수 없다. 심슨은 다음과 같이 말했다.

(1) "이 법칙은 아마 어설픈 편찬가가 여기에 넣은 것 같다. 이 부분을 보면 명백하다. 어떤 평면의 두 점을 잇는 선분은 그 평면에 놓여 있게 됨을 앞의 책에서 받아들이고 있었다. 만약에 그렇지 않다면, 한 직선이 다른 한 직선과 만난다는 몇몇 증명들이 불완전하게 된다. 예를 들어 1권 법칙 30에서, 평행선 AB, CD가 놓여 있는 평면에 직선 EF도 놓여 있다

고 가정하고 있는데, 만약 직선 GK가 그 평면에 놓여 있지 않으면, GK는 EF와 만나지 않을 것이다."

그러나 1권의 내용과 11권의 내용은 완전히 다르다. 1권에서는 모든 것이 한 평면에 놓여 있다. 1권에서 유클리드가 평행선들을 정의할 때, 그들은 '같은 평면에 놓여 있는' 직선들이라고 말했는데, 유클리드가 그렇게 말한 까닭은, 평행하지 않으면서 서로 교차하지 않는 직선들을 배제하기 위해서였다. 그러니 1권 법칙 30에서는 세 개의 평행선이 모두 한 평면에 놓여 있다고 가정한 게 아무런 문제도 없으며, 직선 GHK는 세 평행선 모두를 자르고 지나간다. 그러나 11권에서는, 평행선들을 지나는 평면이 한 개보다 더 많을 수 있는지 여부가 문제이다.

심슨은 계속해서 다음과 같이 말했다.

(2) "뿐만 아니라, 이 법칙 7은 법칙 3을 써서 증명해 놓았다. 그런데 법칙 3에서는 법칙 7에서 보이려고 하는 것을 두 번이나 가정하고 있다. 즉 한 평면에 놓여 있는 두 점을 잇는 직선은 그 평면에 놓여 있음을 이용하였다."

그렇지만 법칙 3에서는 두 개의 평행선을 지나는 평면에 대해서는 전혀 언급하지 않고 있다. 그러니 법칙 7의 결과를 이용한 게 아니다. 법칙 3에서 가정하고 있는 것은, '어떤 평면'의 두 점을 잡았을 때, 그 두 점을 잇는 직선이 같은 평면에 놓여 있다는 것이다. 이것은 정당한 가정이다.

마지막으로, 심슨은 다음과 같이 말했다.

"법칙 6에서도 이것을 가정하고 있다. 즉 AB, CD가 한 평면에 수직인데, 그 평면의 두 점 B, D를 잇는 직선이 그 평면에 놓여 있음을 가정하고 있다."

법칙 6에서도 '두 개의 평행선을 포함하는 평면'은 전혀 언급하지 않았다. 그러니 법칙 3, 법칙 6과 관련한 심슨의 비판은, 잘못 이해한 데에서 나왔다.

법칙 8

두 평행선들이 있는데, 그들 중 하나가 어떤 평면과 수직이라고 하자. 그러면 나머지 한 직선도 그 평면과 수직이다.

증명 AB, CD가 평행선들인데, 그들 중 AB가 어떤 평면과 수직이라고 하자. 그러면 CD도 이 평면과 수직임을 보여야 한다.

AB, CD가 이 평면과 만나는 점이 B, D라고 하자. 선분 BD를 그어라. 그러면 AB, CD, BD는 같은 평면에 놓인다. [11권 법칙 7] BD와 수직이 되도록 선분 DE를 원래 평면에다 그려라. 그리고 DE의 길이가 AB의 길이와 같도록 잡아라. 선분 BE, AE, AD를 그어라.

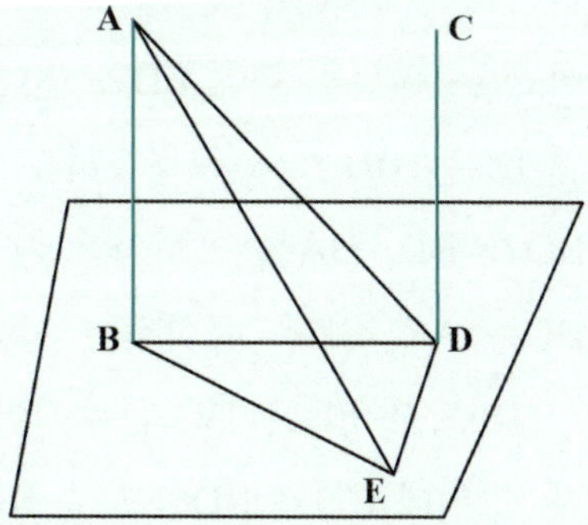

AB는 원래 평면과 수직이니, 원래 평면에 놓여 있으면서 AB와

만나는 모든 직선은 AB와 수직이다. [11권 정의 3] 그러므로 각 ABD, ABE는 둘 다 직각이다. 선분 BD가 평행선 AB, CD와 만나니까, 두 각 ABD, CDB를 더하면 직각의 두 배가 된다. [1권 법칙 29] 그런데 각 ABD는 직각이다. 그러므로 각 CDB도 직각이다. 그러므로 CD와 BD는 수직으로 만난다. AB와 DE는 길이가 같고, BD는 공통이니, 두 변 AB, BD는 두 변 ED, DB와 각각 길이가 같다. 그리고 각 ABD와 각 EDB는 크기가 같다. 왜냐 하면, 둘 다 직각이기 때문이다. 그러므로 밑변 AD와 밑변 BE는 길이가 같다. AB와 DE는 길이가 같고, BE와 AD는 길이가 같으니, 두 변 AB, BE는 두 변 ED, DA와 각각 길이가 같다. 그리고 AE는 이들의 공통 밑변이니, 각 ABE와 각 EDA는 크기가 같다.

그런데 각 ABE는 직각이다. 그러므로 각 EDA도 직각이다. 그러므로 ED와 AD는 수직으로 만난다. 그런데 ED는 DB와도 수직으로 만난다. 그러므로 ED는 BD, DA를 포함하는 평면과 수직이다. [11권 법칙 4] 그러므로 ED는 BD, DA를 포함하는 평면에 놓여 있는 직선들 중에 ED와 만나는 모든 직선과 수직이 된다. 그런데 DC는 BD, DA를 포함하는 평면에 놓여 있다. 왜냐 하면, AB, BD가 BD, DA를 포함하는 평면에 놓여 있는데 [11권 법칙 2], DC는 AB, BD를 포함하는 평면에 놓여 있기 때문이다.

그러므로 ED는 DC와 수직이다. 그러므로 CD는 DE와 수직이다. 그런데 CD는 BD와도 수직이다. 그러므로 두 직선 DE, DB가 서로 만나는데, 이들이 만나는 점에서 이 두 직선에 수직이 되도록 직선 CD를 세웠다. 그러므로 CD는 DE, DB를 포함하는 평면과 수직이 된다. [11권 법칙 4] 그런데 DE, DB를 포함하는 평면은 맨 처음에 말한 그 평면이다. 그러므로 CD도 그 평면과 수직이다.

그러므로 이 법칙이 성립한다. □

해설 유클리드가 증명한 과정에서, DC가 BD, DA를 포함하는 평면에 놓여 있음을 설명한 대목, 즉 "왜냐 하면, AB, BD가 BD, DA를 포함하는 평면에 놓여 있는데 [11권 법칙 2], DC는 AB, BD를 포함하는 평면에 놓여 있기 때문이다."라는 부분을, 심슨은 너무 길게 빙 둘러서 설명해 놓았다고 나무랐다. 심슨은 이 대목이 후대 사람들이 뜯어고쳤거나 덧붙여 놓은 것이라고 결론을 내렸다. 이 대목을 "이들 셋 모두 평행선 AB, CD를 지나는 평면에 놓여 있기 때문이다."로 간단하게 고쳐야 한다고 말했다. (앞의 법칙 7에 의해서.)

그러나 내 생각으로는 유클리드가 한 말이 옳다. 법칙 7은 BD, DA처럼 서로 만나는 두 직선이 결정하는 평면에 대해서는 아무런 언급도 하지 않는다. 그러므로 DC는 AB, BD를 지나는 평면에 놓여 있다고 말하고 [법칙 7], AB, BD는 BD, DA와 같은 평면에 놓여 있으니 [법칙 2], DC는 BD, DA를 지나는 평면에 놓여 있다고 말하는 것이 자연스럽다.

르장드르는 다른 증명을 제시하였는데, 다음과 같이 두 개의 법칙으로 쪼갰다.

(1) "직선 AB는 평면 MN에 수직이고, 직선 EF는 그 평면에 놓여 있다고 하자. 수직선의 발 B에서, EF에 수직이 되도록 BD를 그어라. 그리고 선분 AD를 그어라. 그러면 AD는 EF에 수직이다."

(2) "직선 AB가 평면 MN에 수직이면, AB에 평행한 직선 CD는 모두 그 평면에 수직이다."

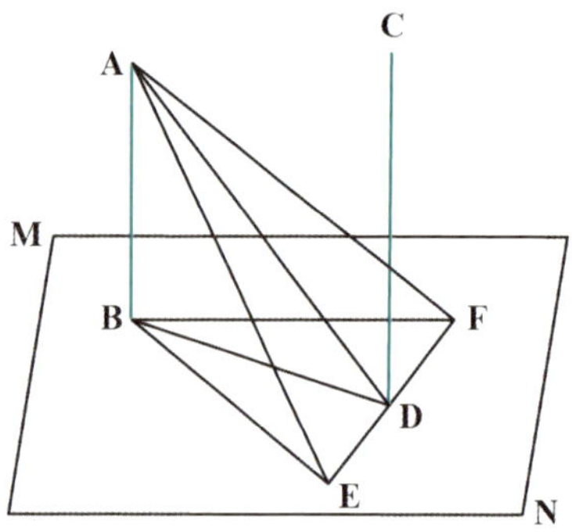

이 두 개의 법칙을 한꺼번에 증명하기 위해서, CD를 주었다고 하고, 선분 BD를 긋고, BD에 수직이 되고 평면 MN에 놓여 있도록 선분 EF를 그어라.

(1) 앞에서와 마찬가지로, DE와 DF는 길이가 같도록 잡고, 선분 BE, BF, AE, AF를 그어라. 그러면 각 BDE, 각 BDF는 둘 다 직각이고, DE와 DF는 길이가 같으니, BE와 BF는 길이가 같다. [1권 법칙 4] 그리고 AB는 이 평면에 수직이니, 각 ABE, 각 ABF는 둘 다 직각이다. 그러므로 삼각형 ABE, 삼각형 ABF에서, AE와 AF는 길이가 같다. [1권 법칙 4] 마지막으로, 삼각형 ADE, 삼각형 ADF에서, AE와 AF는 길이가 같고, DE와 DF는 길이가 같고, AD는 공통이니, 각 ADE와 각 ADF는 크기가 같다. [1권 법칙 8]

그러므로 AD는 EF에 수직이다.

(2) 그러니 ED는 DA에 수직이고, 그리고 DB에도 수직이니, ED는 평면 ADB에 수직이다. [11권 법칙 4] 그런데 CD는 AB와 평행하니, 평면 ADB에 놓여 있다. 그러므로 ED는 CD에 수직이다. [11권 정의 3] 그리고 AB, CD는 평행하고, 각 ABD는 직각이니, 각 CDB도 직각이다.

그러므로 CD는 DE, DB, 둘 다에 수직이다. 그러므로 CD는 DE, DB를 포함하는 평면 MN에 수직이다.

법칙 9

두 직선이 어떤 직선에 대해 서로 평행하다면, 그 직선이 이 두 직선과 같은 평면에 놓여 있지 않다 하더라도, 이 두 직선은 평행하다.

증명 두 직선 AB, CD가 직선 EF와 평행하다고 하자. 그리고 EF는 이들과 같은 평면에 놓여 있지 않다고 하자. 이 경우에도 AB와 CD는 평행함을 보여야 한다.

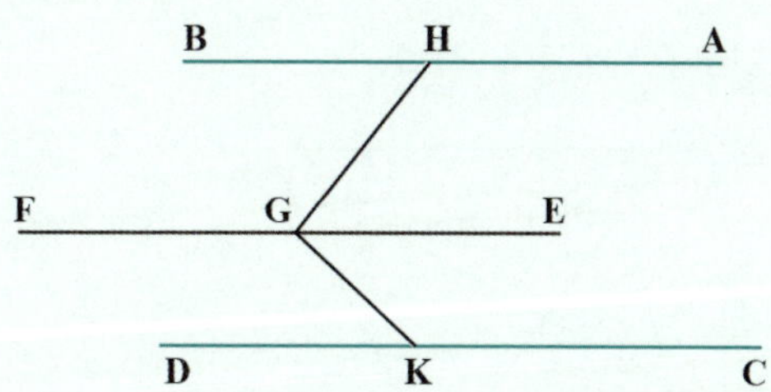

EF에서 아무 점이라도 좋으니 점 G를 잡아라. 점 G에서 EF에 수직이 되도록 선분 GH를 긋되, EF, AB를 포함하는 평면에 놓이도록 그어라. 그리고 점 G에서 EF에 수직이 되도록 선분 GK를 긋되, EF, CD를 포함하는 평면에 놓이도록 그어라. EF는 두 직선 GH, GK와 수직이니, EF는 GH, GK를 포함하는 평면과 수직이다. [11권 법칙 4] 그런데 EF와 AB는 평행하다. 그러므로 AB도 GH, GK를 포함하는 평면과 수직이다. 마찬가지 이유로 CD도 GH, GK를 포함하는 평면과 수직이다. 그러므로 직선 AB, CD는 둘 다 GH, GK를 포함하는 평면과 수직이다. 그런데 두 직선이 같은 평면과 수직이면, 그 두 직선은 서로 평행하다. [11권 법칙 6] 그러므로 AB와 CD는 평행하다.

그러므로 이 법칙이 성립한다. □

법칙 10

두 직선이 만나고 또 어떤 두 직선이 만나는데, 이들은 각각 서로 평행하다고 하자. 그러면 이들이 같은 평면에 놓여 있지 않다 하더라도, 이들이 만드는 각은 크기가 같다.

증명 두 직선 AB, BC가 만나고 또 어떤 두 직선 DE, EF가 만나는데, 이들은 각각 서로 평행하다고 하자. 그리고 이들은 같은 평면에 놓여 있지 않다고 하자. 이 경우에도 각 ABC와 각 DEF는 크기가 같음을 보여야 한다.

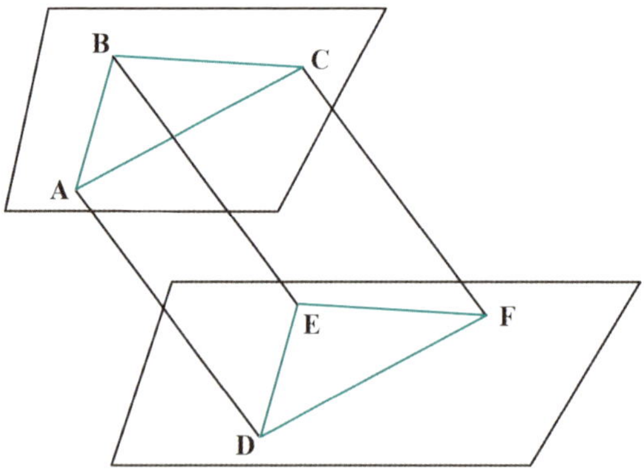

BA, BC와 ED, EF의 길이가 각각 같도록 잡아라. 그리고 선분 AD, CF, BE, AC, DF를 그어라. BA와 ED는 길이가 같고 평행하니까, AD와 BE도 길이가 같고 평행하다. [1권 법칙 33] 마찬가지 이유로 CF와 BE도 길이가 같고 평행하다. 그러므로 두 선분 AD, CF는 BE와 길이가 같고 평행하다. 그런데 두 직선이 한 직선과 평행하면, 그 직선이 이 두 직선과 같은 평면에 놓여 있지 않다 하더라도, 이 두 직선은 평행하다. [11권 법칙 9] 그러므로 AD와 CF는 평행하며, 이들 둘은 길이도 같다. 그리고 AC, DF는 이들을 잇고 있다. 그러므로 AC와 DF도 평행하며 길이가 같다. [1권 법칙 33]

두 변 AB, BC가 두 변 DE, EF와 각각 길이가 같고, 밑변 AC와 밑변 DF도 길이가 같으니, 각 ABC와 각 DEF는 크기가 같다. [1권 법칙 8]

그러므로 이 법칙이 성립한다. □

해설 이 법칙의 결과는 [기하학 원론] 12권 법칙 3에 가서야 비로소 언급되어 사용된다. 그렇지만 유클리드는 심사숙고 끝에 이 법칙을 여기에 넣은 것이 확실하다. 왜냐 하면, 두 평면이 만나서 만드는 각의 크기를 유클리드는 11권 정의 6에서 정의하였는데, 마침 이 법칙은 교선의 어떠한 점에서 그 각을 재든 크기가 같음을 보여 주고 있기 때문이다.

법칙 11

어떤 평면 위에 점이 떠 있을 때, 그 점에서 평면으로 수직선을 그으시오.

증명 그림에 나오는 평면이 주어진 평면이라 하고, 그 위에 점 A가 떠 있다고 하자. 점 A에서 이 평면으로 수직선을 그어야 한다.

이 평면에 아무 직선이라도 좋으니까 직선 BC를 그어라. A에서 BC에 수직이 되도록 직선 AD를 그어라. [1권 법칙 12] 만약 AD

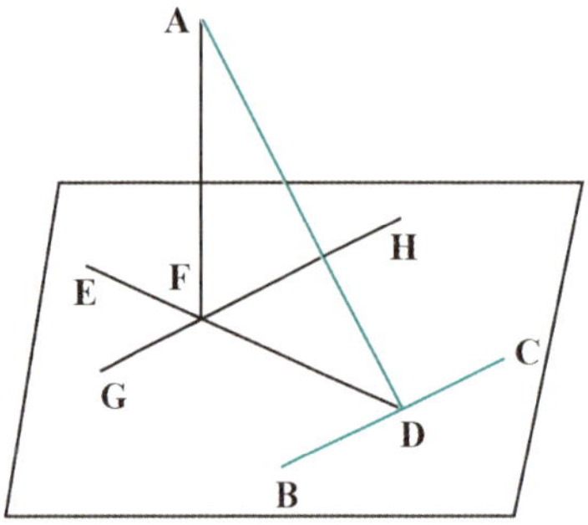

가 이 평면에 수직이면, 요구 조건을 충족시켰으니 해결되었다.

그러나 수직이 아니라면, 점 D에서 BC에 수직이 되도록, 그리고 이 평면에 놓이도록 직선 DE를 그어라. [1권 법칙 11] A에서 DE에 수직이 되도록 직선 AF를 그어라. [1권 법칙 12] 그리고 점 F에서 BC에 평행하도록 직선 GH를 그어라. [1권 법칙 31] BC는 두 직선 DA, DE와 수직이니, BC는 DA, DE를 포함하는 평면과 수직이다. [11권 법칙 4] 그리고 GH는 BC와 평행하다. 평행한 두 직선 중에 하나가 어떤 평면과 수직이면, 나머지 한 직선도 그 평면과 수직이다. [11권 법칙 8] 그러므로 GH도 DA, DE를 포함하는 평면과 수직이다.

그러므로 GH는 DA, DE를 포함하는 평면에 놓이는 직선들 중에 GH와 만나는 모든 직선과 수직이다. [11권 정의 3] 그런데 AF는 DA, DE를 포함하는 평면에 놓여 있으면서 GH와 만난다. 그러므로 AF와 GH는 수직으로 만난다. 그런데 AF는 DE와도 수직으로 만난다. 그러므로 AF는 두 직선 GH, DE와 수직으로 만난다. 그런데 두 직선이 만나는 점에서 어떤 직선을 이 두 직선에 수직이 되도록 세우면, 그 직선은 이 두 직선을 포함하는 평면에 수직이 된다. [11권 법칙 4] 그러므로 AF는 ED, GH를 포함하는 평면에 수직이 된다. 그런데 ED, GH를 포함하는 평면은 바로 그림에 나오는 평면이다. 그러므로 AF는 그림에 나오는 평면과 수직이다. 그러므로 주어진 평면의 위에 떠 있는 점 A에서 그 평면으로 수직선 AF를 그었다.

그러므로 이 법칙이 성립한다. □

해설 현대 교과서들이 이 법칙을 소개해 놓은 것을 보면, 본질적으로는 유클리드의 것과 같지만, 그 '형태'는 약간 다르다. 현대 교과서들은 대부분, 점 A를 지나고, 주어진 평면에 놓여 있는 직선 BC에 수직이 되도록 평면을 작도한다. (11권 법칙 5 해설의 끝부분에 나오는 방법에 영향을 받아서 작도한다.) 이 방법이 유리한 점은, 점 A가 주어진 평면에 놓여 있는 경우에도 똑같이 작도하면 된다. (두 그림의 영문자가 다를 때, 두 번째 그림에 해당하는 영문자는 괄호 ( ) 속에 넣었다.)

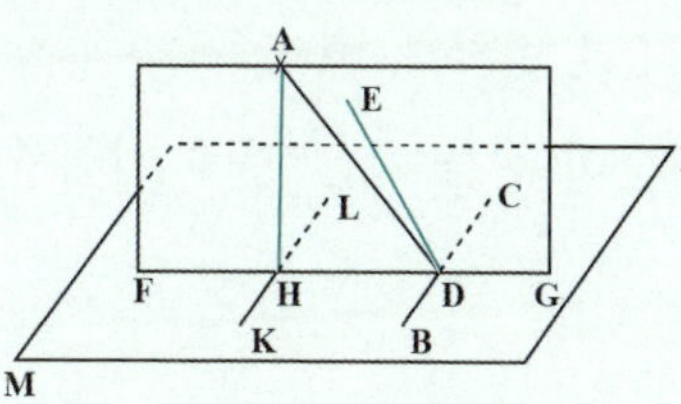

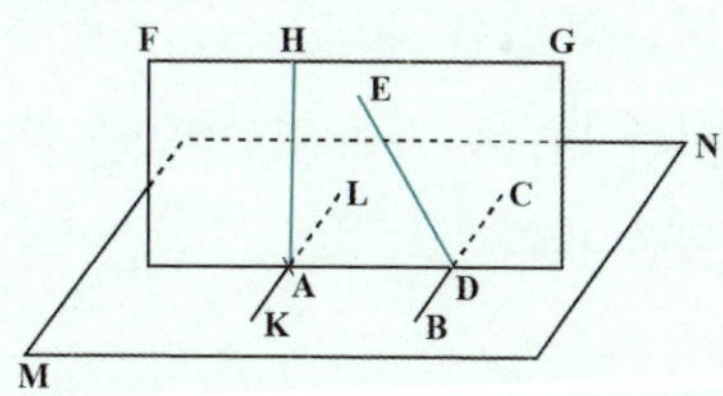

점 A를 지나고 BC에 수직인 평면을 작도하는 과정도 포함시켜서, 전체 과정을 다음과 같이 하나의 법칙으로 만들 수 있다.

주어진 평면 MN에서, 아무 직선이라도 좋으니 직선 BC를 그어라. BC에 수직이 되도록 AD를 그어라. BC를 지나고 A를 지나지 않는 평면을 아무것이나 잡은 다음, DE가 그 평면에 놓이고 BC에 수직이 되도록 그어라. DA, DE를 지나는 평면을 그려라. 이 평면이 주어진 평면 MN과 만나는 교선은 FD(AD)가 된다. 이 평면 AG에서, FG(AD)에 수직이 되도록 AH를 그어라.

그러면 AH가 바로 원하는 수직선이다.

평면 MN에서, BC에 평행하도록 KL을 긋되, 첫 번째 그림에서는 H를 지나도록, 두 번째 그림에서는 A를 지나도록 그어라.

BC는 DA, DE, 둘 다에 수직이니, BC는 평면 AG에 수직이다. [11권 법칙 4] 그런데 KL은 BC와 평행하니, KL도 평면 AG에 수직이다. [11권 법칙 8] 그러므로 그 평면에 놓여 있고 만나는 직선 AH에 수직이다. 그러므로 AH는 FD(AD), KL의 교점에서 둘 다에 수직이다. 그러므로 AH는 평면 MN에 수직이다.

그러니 우리는 11권 법칙 11, 법칙 12를 동시에 해결하였다. 이렇게 수직인 평면을 직접 작도하는 방법은, 유클리드가 법칙 12를 증명하면서, 그 평면에 놓여 있지 않은 한 점에서 그 평면으로 수직선을 그을 수 있음을 가정하여서, 11권 법칙 11에서 얻은 수직선과 평행하도록 평면의 한 점에서 단순히 선을 그은 것에 비해서 훨씬 낫다.

법칙 12

주어진 평면에서 어떤 점을 잡았을 때, 거기에서 평면에 수직이 되도록 직선을 그으시오.

증명 그림에 나오는 평면이 주어진 평면이라고 하자. 이 평면에서 점 A를 잡았다고 하자. 점 A에서 이 평면에 수직이 되도록 직선을 그어야 한다. 이 평면 위에 떠 있는 점 B를 아무것이라도 좋으니 잡아라. B에서 이 평면에 수직이 되도록 직선 BC를 그어라. [11권 법칙 11] 그리고 점 A에서 CB에 평행하도록 직선 AD를 그어라.

[1권 법칙 31]

그러면 AD, CB는 평행선들이며, 이들 중 BC는 주어진 평면과 수직이다. 그러므로 나머지 한 직선 AD도 이 평면과 수직이다. [11권 법칙 8] 그러므로 점 A에서 주어진 평면에 수직이 되도록 직선 AD를 그었다.

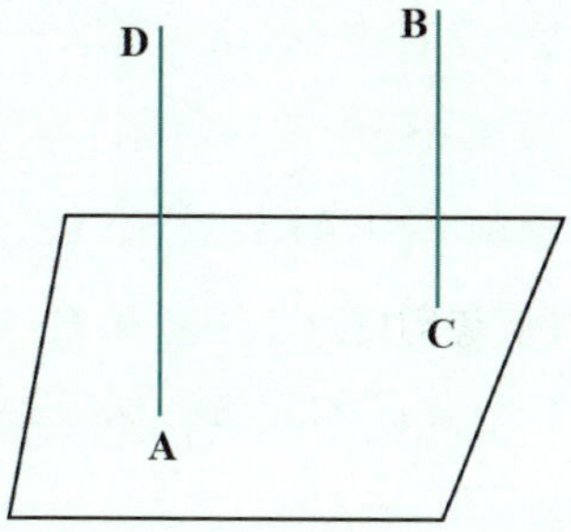

그러므로 이 법칙이 성립한다. □

법칙 13

주어진 평면에서 어떤 점을 잡았을 때, 그 점에서 평면에 수직이 되도록, 같은 방향으로 그을 수 있는 직선은 단 하나밖에 없다.

증명 만약에 그렇지 않다면, 점 A에서 이 평면에 수직이 되도록, 같은 방향으로 두 직선 AB, AC를 그었다고 하자. AB, AC를 포함하는 평면을 잡아라. 그러면 이 평면과 주어진 평면이 만나는 교선은 직선이 된다. [11권 법칙 3] 이것을 DAE로 나타내자. 그러면 직선 AB, AC, DAE는 같은 평면에 놓인다.

CA는 그림에 나오는 주어진 평면과 수직이니, 그림에 나오는 평면에 놓인 직선들 중에 CA와 만나는 직선은 모두 CA와 수직이다. [11권 정의 3] 그런데 DAE

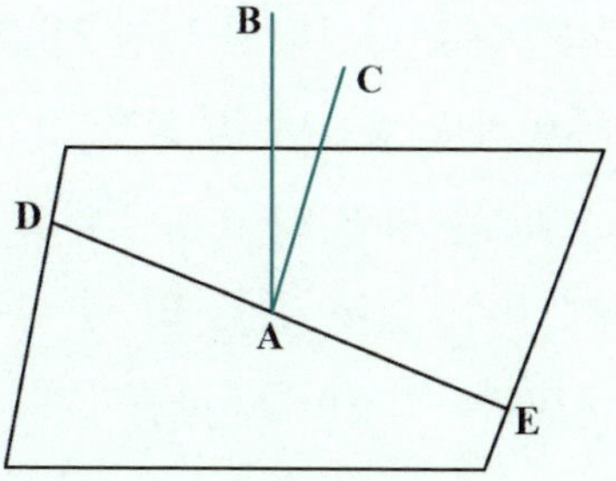

는 그림에 나오는 평면에 놓여 있으면서 CA와 만난다. 그러므로 각 CAE는 직각이다. 마찬가지 이유로 각 BAE도 직각이다. 그러므로 각 CAE와 각 BAE는 크기가 같다. 그리고 이들은 같은 평면에 놓인다. 그러나 이건 모순이다.

그러므로 이 법칙이 성립한다. □

해설 심슨은 이 법칙에다 다음과 같이 덧붙여 놓았다.

"그리고 평면에서 떨어져 있는 점을 잡았을 때에도, 그 평면으로 단 한 개의 수직선만을 그을 수 있다. 왜냐 하면, 만약에 두 개의 수직선을 그을 수 있으면, 그들은 서로 평행해야 한다. [11권 법칙 6] 이것은 모순이다." 유클리드는 이 결과를 제시해 놓지 않았지만, 11권 법칙 4 해설 끝부분에서 우리는 이것을 다루었다.

법칙 14

두 평면이 한 직선과 수직이면, 두 평면은 서로 평행하다.

증명 어떤 직선 AB가 두 평면 CD, EF와 수직이라고 하자. 그러면 이 두 평면은 서로 평행함을 보여야 한다. 만약에 이들이 평행하지 않으면, 이들을 길게 늘이면 서로 만난다. 이들이 만나면 그 교선은 직선이 된다. [11권 법칙 3] 그것을 GH로 나타내자. GH에서 아무 점이라도 좋으니 점 K를 잡은 다음, 선분 AK, BK를 그어라.

AB는 평면 EF와 수직이다. 그러므로 AB는 평면 EF를 늘인 것에 놓여 있는 선분 BK와 수직이다. [11권 정의 3] 그러므로 각 ABK는 직각이다. 마찬가지 이유로 각 BAK도 직각이다. 그러므로 삼각형 ABK에서 두 각 ABK, BAK가 직각이다. 그러나 이건

불가능하다. [1권 법칙 17]

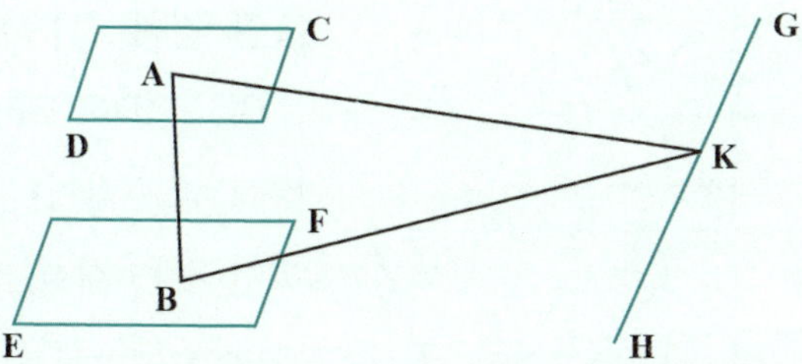

그러므로 두 평면 CD, EF는 아무리 길게 늘여도 서로 만나지 않는다. 그러므로 두 평면 CD, EF는 평행하다. [11권 정의 8] 그러므로 한 직선과 수직인 두 평면은 서로 평행하다.

그러므로 이 법칙이 성립한다. □

법칙 15

두 직선이 만나고 또 어떤 두 직선이 만나는데, 이들은 각각 서로 평행하다고 하자. 그리고 이들이 같은 평면에 놓여 있지 않다고 하자. 그러면 이들을 포함하는 평면들은 서로 평행하다.

증명 두 직선 AB, BC가 만나고 또 어떤 두 직선 DE, EF가 만나는데, 이들은 각각 서로 평행하다고 하자. 그리고 이들은 같은 평면에 놓여 있지 않다고 하자. 그러면 AB, BC를 포함하는 평면과 DE, EF를 포함하는 평면은 서로 평행함을 보여야 한다.

점 B에서 DE, EF를 포함하는 평면에 수직이 되도록 직선 BG를 그어라. [11권 법칙 11] 이 직선이 이 평면과 만나는 점을 G로 나타내자. 점 G에서 ED에 평행하도록 직선 GH를 긋고, EF에 평행

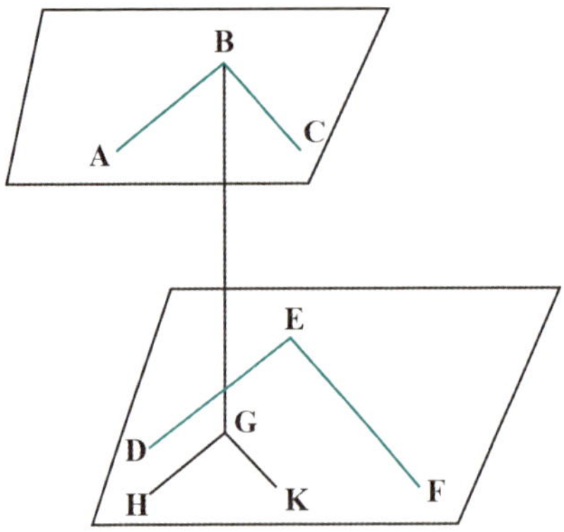

하도록 직선 GK를 그어라. [1권 법칙 31]

BG는 DE, EF를 포함하는 평면과 수직이니, 이 평면에 놓여 있는 직선들 중에 BG와 만나는 모든 직선은 BG와 수직이다. [11권 정의 3] 그런데 두 직선 GH, GK는 이 평면에 놓여 있으면서 BG와 만난다. 그러므로 각 BGH, BGK는 둘 다 직각이다. BA와 GH는 평행하니 [11권 법칙 9], 두 각 GBA, BGH를 더하면 직각의 두 배가 된다. [1권 법칙 29] 그런데 각 BGH는 직각이다. 그러므로 각 GBA도 직각이다. 그러므로 GB와 BA는 수직이다. 마찬가지 이유로 GB와 BC도 수직이다. 직선 GB가 두 직선 BA, BC의 교점에서 이 두 직선에 수직이 되도록 서 있으니, GB는 BA, BC를 포함하는 평면과 수직이다. [11권 법칙 4]

그런데 한 직선과 수직인 두 평면은 서로 평행하다. [11권 법칙 14] 그러므로 AB, BC를 포함하는 평면과 DE, EF를 포함하는 평면은 서로 평행하다. 그러므로 두 직선이 만나고 또 어떤 두 직선이 만나는데, 이들이 각각 서로 평행하고, 이들이 같은 평면에 놓여 있지 않으면, 이들을 포함하는 평면들은 서로 평행하다.

그러므로 이 법칙이 성립한다. □

해설 앞에서 언급한 미국 교과서들을 보면, 평면과 이에 평행한 직선 사이의 관계에서 시작해 이 결과를 얻고 있다. 거기에 차례차례 제시해 놓은 법칙들을 여기에 소개해 놓겠다. 어떤 직선과 어떤 평면이 평행하다는 말은, 그들을 아무리 길게 늘이더라도 서로 만나지 않는다는 뜻이다. 다음 법칙들이 성립한다.

> (1) "두 개의 평행선 중 어느 하나만을 포함하는 평면은, 나머지 하나와 평행하다."

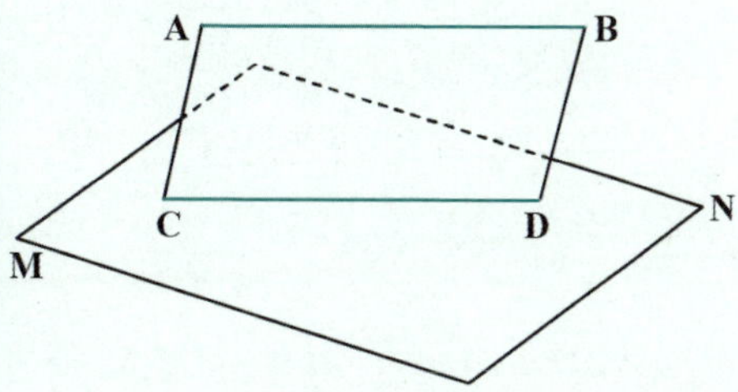

AB, CD가 서로 평행하고, 이들 중 CD만이 평면 MN에 놓여 있다고 하자. 그러면 AB, CD는 한 평면을 결정하며, 그 평면과 평면 MN의 교선은 바로 직선 CD이다. 그러니 만약 직선 AB가 평면 MN과 만나면, CD의 어떤 점에서 만나야 한다. 그러나 이것은 불가능하다. 왜냐 하면, AB와 CD는 평행하기 때문이다. 그러므로 직선 AB는 평면 MN과 만나지 않으며, 따라서 서로 평행하다. (이 법칙과 이 증명은 르장드르의 것이다.) 이제 다음 법칙들을 쉽게 이끌어 낼 수 있다.

> (2) "어떤 직선을 주었을 때, 그 직선을 지나고(포함하고) 다른 주어진 임의의 직선에 평행하도록 평면을 그릴 수 있다. 이 두 직선이 서로 평행하지 않으면, 그런 평면은 단 한 개만 그릴 수 있다."

첫 번째 직선에서 아무 점이나 잡은 다음에, 그 점을 지나고 두 번째 직선에 평행하도록 직선을 긋기만 하면 된다. 교차하는 두 직선은 평면을 만든다. 법칙 (1)에 따라서, 이 평면은 두 번째 직선과 평행하다.

> (3) "한 점을 주었을 때, 그 점을 지나고(포함하고) 공간의 임의의 두 직선에 평행하도록 평면을 그릴 수 있다. 만약 이 두 직선이 서로 평행하지 않으면, 그런 평면은 단 한 개만 그릴 수 있다."

여기서는 주어진 점을 지나고 주어진 직선들에 평행하도록 두 개의 직선을 그은 다음, 그 두 직선이 결정하는 평면을 잡으면 된다. 이제 법칙 (1)의 부분적인 역을 보자.

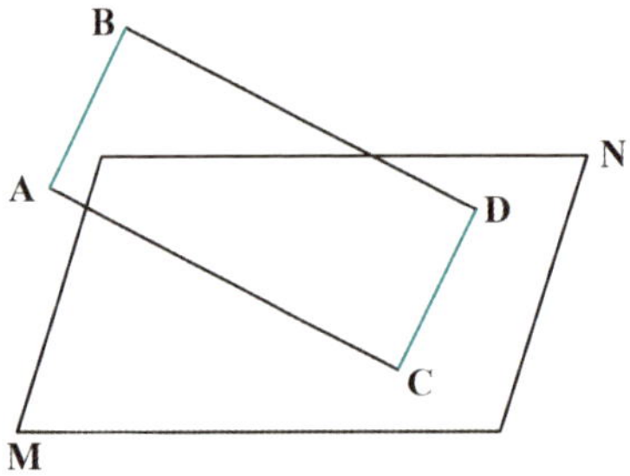

> (4) "어떤 직선이 어떤 주어진 평면과 평행하면, 그 직선을 지나는 임의의 평면이 주어진 평면과 만드는 교선은 그 직선과 평행하다."

직선 AB가 평면 MN과 평행하다고 하자. AB를 지나는 임의의 평면이 MN과 만나서 생기는 교선이 CD라 하자. 그러면 AB와 CD는 만날 수 없다. 왜냐 하면, 만약에 이들이 만나면, AB는 평면 MN과 만나기 때문이다.

그리고 AB, CD는 한 평면에 놓여 있다. 그러므로 AB, CD는 평행하다. 이 법칙으로부터 다음 법칙이 쉽게 나온다.

(5) "두 직선이 서로 만나는데, 그들 둘 다 주어진 평면과 평행하다고 하자. 그러면 그 두 직선을 포함하는 평면은 주어진 평면과 평행하다."

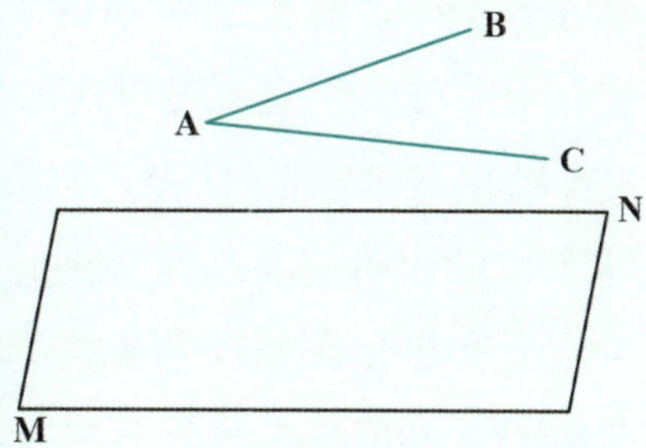

직선 AB, AC가 주어진 평면 MN과 평행하다고 하자.

만약에 평면 ABC가 평면 MN과 만나면, 그 교선은 AB, AC 둘 다와 평행하게 된다. 이것은 모순이다.

마지막으로, 유클리드의 법칙이 나온다.

(6) "두 직선이 만나고 또 어떤 두 직선이 만나는데, 이들은 각각 서로 평행하다고 하자. 그러면 이들이 만드는 평면들은 서로 평행하다."

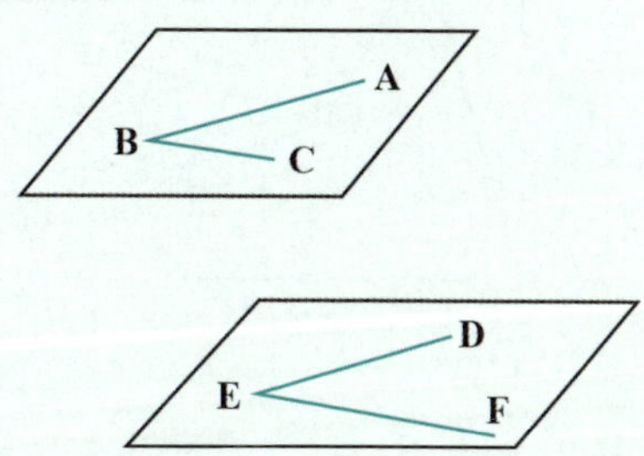

두 직선들이 만나서 각 ABC, 각 DEF를 만들고, 그 직선들은 각각 서로 평행하다고 하자. AB는 DE와 평행하니, 평면 DEF는 AB와 평행하다. [법칙 (1)] 마찬가지 이유로, 평면 DEF는 BC와 평행하다. 그러므로 평면 DEF는 평면 ABC와 평행하다. [법칙 (5)]

르장드르는 이 결과를 또 다른 방법으로 얻었다. 그는 우선 11

권 법칙 16인, "평행한 두 평면이 제 삼의 평면과 만나면, 그 교선들은 서로 평행함"을 증명하였고, 이것을 써서, "평행한 두 직선을 평행한 두 평면으로 자르면, 그 두 선분은 길이가 같게 됨"을 증명하였다. (후자의 추론은 명백하다. 왜냐 하면, 평행한 두 직선이 결정하는 평면이 두 개의 평행면과 만나는 교선들은 서로 평행하니, 주어진 두 평행선과 함께 평행사변형을 만들게 되기 때문이다.)

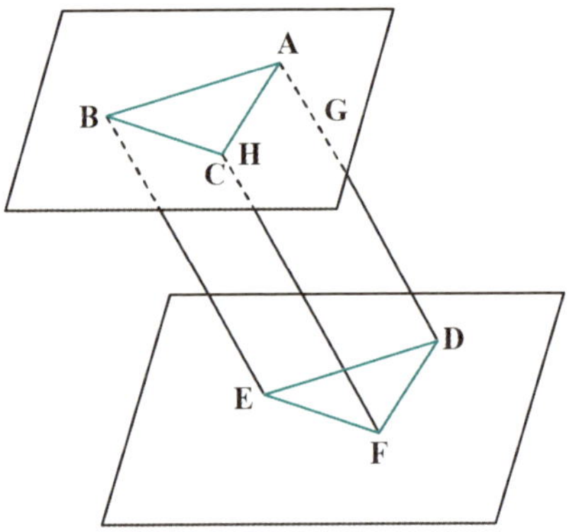

르장드르는 이제 유클리드의 11권 법칙 15를 증명하였다.

각 ABC, 각 DEF가 있는데, 두 직선들이 서로 평행하다고 하자. AB와 DE의 길이가 같도록 잡고, BC와 EF의 길이가 같도록 잡아라. 그리고 선분 CA, FD, BE, CF, AD를 그어라. 그러면 11권 법칙 10에서 보인 것처럼, 삼각형 ABC와 삼각형 DEF는 합동이다. 그리고 AD, BE, CF는 길이가 같다. 이제 앞의 결과를 이용하여, 모순을 이끌어 내는 방법으로, 이 두 평면이 평행함을 보일 수 있다. 만약에 평면 ABC와 평면 DEF가 평행하지 않으면, 점 B를 지나고 평면 DEF에 평행한 평면이 CF, AD와 만나는 점을 각각 H, G라 하자. 그러면 앞의 결과에 따라서, BE, HF, GD는 길이가 같다. 그런데 BE, CF, AD도 길이가 같다. 이것은 모순이다.

법칙 16

평행한 두 평면이 어떤 평면과 만나면, 이 때 생기는 교선들은 서로 평행하다.

증명 평행한 두 평면 AB, CD가 있는데, 어떤 평면 EFGH가 이들과 만나서 두 교선 EF, GH가 생겼다고 하자. 그러면 EF, GH는 서로 평행함을 보여야 한다. 만약에 이들이 평행하지 않으면, 두 직선 EF, GH를 길게 늘였을 때 F, H 방향 또는 E, G 방향에서 만나게 된다. 이들을 F, H 방향으로 길게 늘였을 때 만난다고 하고, 만나는 점을 K로 나타내자.

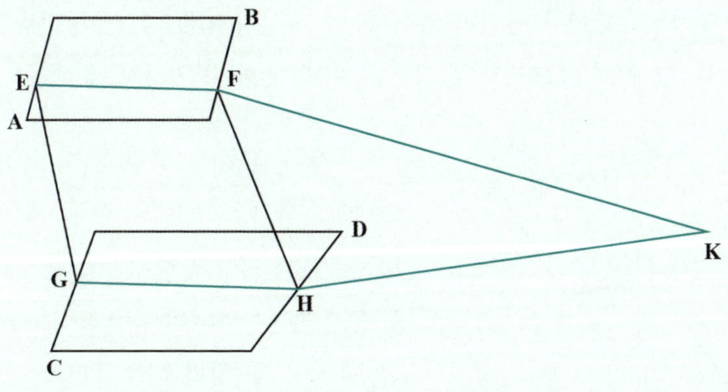

직선 EFK는 평면 AB에 놓여 있으니, 직선 EFK의 모든 점들은 평면 AB에 놓여 있다. [11권 법칙 1] 그런데 K는 직선 EFK의 한 점이다. 그러므로 K는 평면 AB에 놓여 있다. 마찬가지 이유로 K는 평면 CD에 놓여 있다. 그러므로 두 평면 AB, CD를 길게 늘이면 서로 만난다. 그러나 이들을 가정에 따라서 서로 평행하니 만나지 않는다. 그러므로 두 직선 EF, GH는 F, H 방향으로 길게 늘이더라도 서로 만나지 않는다. 마찬가지 방법으로 두 직선 EF, GH를 E, G 방향으로 길게 늘이더라도 서로 만나지 않음을 보일 수 있다. 그런데 어느 방향으로 길게 늘이더라도 서로 만나지 않는 직선들은 평행선들이다. [1권 정의 23] 그러므로 EF와 GH는 평행하다.

그러므로 이 법칙이 성립한다. □

해설 심슨은 여기에서 1권 정의 23을 인용하여서, 유클리드가 "그런데 '한 평면'에 놓여 있으면서, 어느 방향으로 길게 늘이더라도 서로 만나지 않는 직선들은 평행선들이다."라고 말했어야 한다고 지적했다. 이 법칙으로부터 11권 법칙 14의 역을 이끌어 낼 수 있다.

"두 개의 평행한 평면이 있는데, 한 직선이 이들 중 한 평면과 수직이라고 하자. 그러면 이 직선은 나머지 한 평면과도 수직이다."

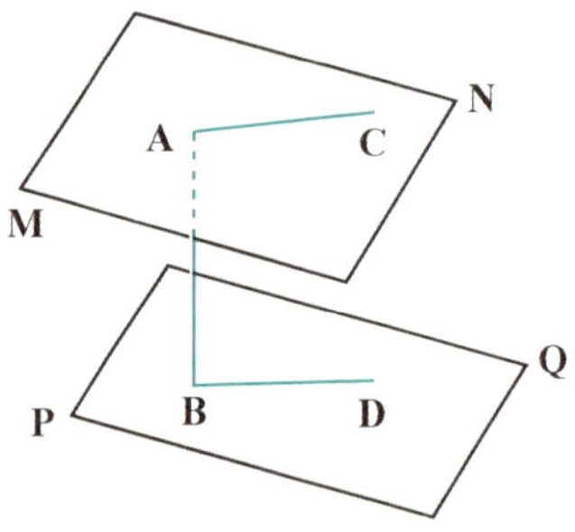

두 개의 평행한 평면 MN, PQ가 있다고 하자. 그리고 직선 AB는 MN과 수직이라고 하자. AB를 지나는(포함하는) 임의의 평면을 그려라. 그 평면이 두 평면 MN, PQ와 만나서 생기는 교선을 각각 AC, BD라 하자. 그러면 AC, BD는 평행하다. [11권 법칙 16] 그런데 AC는 AB와 수직이다. 그러므로 AB와 BD도 서로 수직이다. 즉 AB는 B를 지나고 평면 PQ에 놓여 있는 임의의 직선과 수직이다. 그러므로 AB는 평면 PQ와 수직이다.

이제 다음 법칙은 쉽게 나온다.

"한 점을 주었을 때, 그 점을 지나고 주어진 평면에 평행한 평면을 단 한 개만 그릴 수 있다."

앞의 그림에서, 주어진 점을 A라 하고, 주어진 평면을 PQ라 하자. PQ에 수직이 되도록 AB를 그어라. 점 A를 지나고, AB와 수직이 되도록 평면 MN을 그려라. (11권 법칙 5 해설 참조.)

그러면 평면 MN은 평면 PQ와 평행하다. [11권 법칙 14]

만약에 점 A를 지나고 PQ와 평행한 평면을 또 하나 그릴 수 있다면, AB는 그 평면에도 수직이 된다. 즉 AB는 점 A를 지나는 두 개의 서로 다른 평면에 대해서 수직이다. 그러나 이건 불가능하다. (11권 법칙 5 해설 참조.)

그리고 다음 법칙도 쉽게 보일 수 있다.

"만약 두 개의 평면이 제 삼의 평면에 대해서 평행하면, 그 두 평면은 서로 평행하다."

법칙 17

평행한 평면들이 두 직선을 자르면, 그것들은 길이의 비율이 같다.

증명 두 직선 AB, CD가 있는데, 평행한 평면들 GH, KL, MN이 이들을 점 A, E, B와 점 C, F, D에서 자른다고 하자. 그러면 선분 AE와 EB의 비율은 CF와 FD의비율과 같음을 보여야 한다.

선분 AC, BD, AD를 그어라. 선분 AD가 평면 KL과 만나는 점을 O라고 하자. 선분 EO, OF를 그어라.

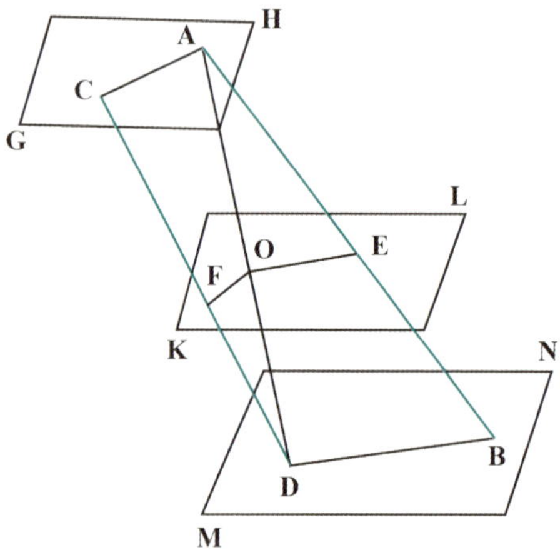

평면 EBDO가 두 평행한 평면 KL, MN을 자르니, 이들의 교선 EO, BD는 서로 평행하다. [11권 법칙 16] 마찬가지 이유로 평면 AOFC가 두 평행한 평면 GH, KL을 자를 때 생기는 교선 AC, OF는 서로 평행하다. [11권 법칙 16] 삼각형 ABD의 한 변 BD에 평행하도록 선분 EO를 그었으니, AE와 EB의 비율은 AO와 OD의 비율과 같다. [6권 법칙 2] 그리고 삼각형 ADC의 한 변 AC에 평행하도록 선분 OF를 그었으니, AO와 OD의 비율은 CF와 FD의 비율과 같다. [6권 법칙 2] 그런데 AO와 OD의 비율은 AE와 EB의 비율과 같음을 보였다. 그러므로 AE와 EB의 비율은 CF와 FD의 비율과 같다. [5권 법칙 11]

그러므로 이 법칙이 성립한다. □

법칙 18

어떤 직선이 어떤 평면과 수직이면, 그 직선을 포함하는 모든 평면은 그 평면과 수직이다.

증명 직선 AB가 어떤 기존의 평면과 수직이라고 하자. 그러면 AB를 포함하는 모든 평면은 기존의 평면과 수직임을 보여야 한다. 직선 AB를 포함하는 평면 DE를 그려라. 평면 DE와 기존의 평면이 만

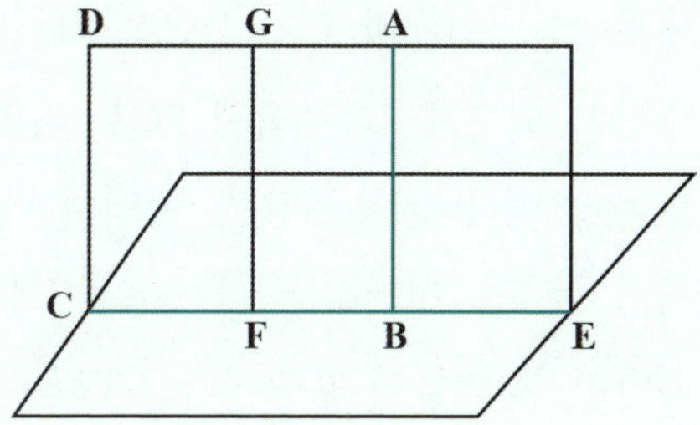

나는 교선을 CE로 나타내자. CE에서 아무 점이라도 좋으니 점 F를 잡은 다음, 점 F에서 CE와 직각이 되도록, 직선 FG를 평면 DE에 놓이도록 그어라. [1권 법칙 11] AB는 기존의 평면과 수직이니, AB는 기존의 평면에 놓여 있는 직선들 중에 AB와 만나는 모든 직선과 수직이다. [11권 정의 3] 그러므로 AB와 CE는 직각을 이룬다. 그러므로 각 ABF는 직각이다. 그런데 각 GFB도 직각이다. 그러므로 AB와 FG는 평행하다. [1권 법칙 28] 그런데 AB는 기존의 평면과 수직이다. 그러므로 FG도 기존의 평면과 수직이다. [11권 법칙 8]

두 평면이 만날 때, 그들의 교선에서 교선에 수직이 되도록 직선을 한 평면에 그었을 때, 그 직선이 다른 평면과 수직이 되면 그 두 평면은 수직이다. [11권 정의 4] 두 평면의 교선 CE에 수직이 되도록 직선 FG를 그었고, FG는 한 평면 DE에 놓여 있는데, FG가 기존의 평면과 수직이 됨을 보였다. 그러므로 평면 DE와 기존의 평면은 수직이다. 마찬가지 방법으로 직선 AB를 포함하는 모든 평면은 기존의 평면과 수직임을 보일 수 있다.

그러므로 이 법칙이 성립한다. □

해설 유클리드는 두 평면이 서로 수직이라는 것을 정의하기를, 두 평면의 교선에 수직이 되고 한 평면에 놓이도록 그은 모든 직선들이 다른 한 평면과 수직이 되는 것이라고 하였다. 그 때문에 교선 CE

에서 '임의의' 점 F를 잡았을 때, 평면 DE에 놓이고 교선 CE에 수직이 되도록 그은 직선 FG는 AB에 수직인 평면과 수직이 됨을 보여야 했다. 르장드르가 정의한 것처럼, '평면들이 기운 정도'를 써서 수직을 정의하는 편이 좀더 과학적일 지도 모른다. 그렇게 정의하면, 평면들이 수직이라는 말은, 유클리드가 한 평면이 다른 한 평면에 대해서 기운 정도(유클리드는 예각인 경우에 이 말을 썼지만)라고 부른 것이 직각이라는 뜻이다. 그리고 11권 법칙 10에서, 교선의 어떠한 점을 잡든, '한 평면이 다른 한 평면에 대해서 기운 정도'는 같음을 보였으니, 이 사실을 결합하면, 두 평면이 서로 수직임을 보이려면, 교선에 수직이 되고 한 평면에 놓이도록 직선을 '한 개' 그었을 때, 그 직선이 다른 한 평면에 대해서 수직임을 보이면 충분하다.

이러한 관점을 택하면, 법칙 18, 법칙 19는 훨씬 간단하게 된다. (르장드르, 테일러, 스미스와 브라이어언트, 로젠버거, 슐츠와 세베노악, 홀게이트의 책들 참조.) 이제 다음과 같이 증명하면 된다.

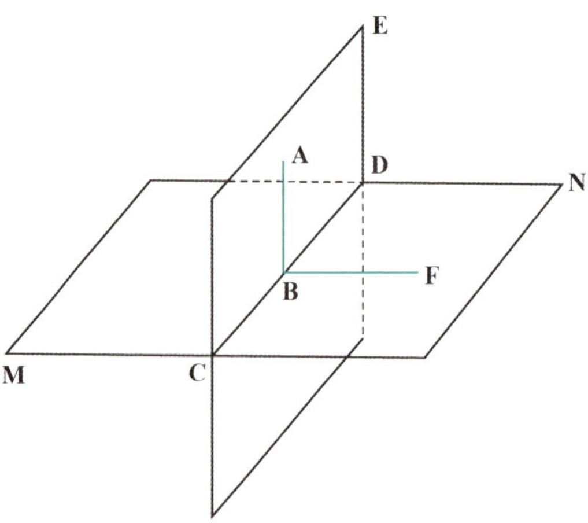

직선 AB가 평면 MN과 수직이라고 하자. 그리고 AB를 지나는(포함하는) 임의의 평면을 CE

라 하자. 평면 CE와 평면 MN의 교선을 CD라 하자. 평면 MN에서, CD에 수직이 되도록 BF를 그어라. 그러면 각 ABF는 유클리드가 "한 평면이 다른 한 평면에 대해서 기운 정도"라고 부른 것이다. (유클리드는 예각인 경우에 이 말을 썼지만.) 그런데 직선 AB는 평면 MN과 수직이니, 그 평면에 놓여 있는 BF와 수직이 된다. 그러므로 각 ABF는 직각이다. 그러므로 평면 CE는 평면 MN과 수직이다.

법칙 19

두 평면이 어떤 평면과 수직이라고 하자. 그러면 두 평면의 교선도 그 평면과 수직이다.

증명 기존의 어떤 평면이 있는데, 두 평면 AB, BC가 기존의 평면과 수직이라고 하자. 그리고 이들의 교선을 BD라고 하자. 그러면 BD는 기존의 평면과 수직임을 보여야 한다. 만약에 이게 수직이 아니라 면, 점 D에서 직선 AD와 직각이 되도록, 평면 AB에 놓이도록 직선 DE를 그어라. 그리고 점 D에서 직선 CD와 직각이 되도록, 평면 BC에 놓이도록 직선 DF를 그어라.

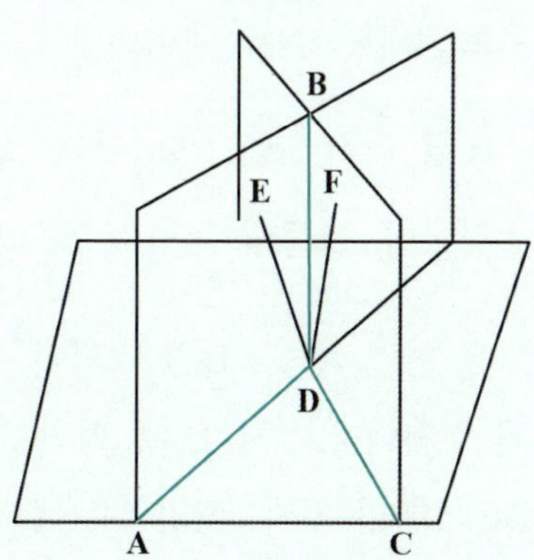

평면 AB는 기존의 평면과 수직이고, 직선 DE는 이들의 교선인 AD와 직각이 되도록, 평면 AB에 놓이도록 그었으니, 직선 DE는 기존의 평면과 수직이다.

[11권 정의 4] 마찬가지 이유로 직선 DF도 기존의 평면과 수직임을 보일 수 있다. 그러므로 점 D에서 기존의 평면과 수직이 되도록, 두 개의 서로 다른 직선을 같은 방향으로 그었다. 그러나 이건 불가능하다. [11권 법칙 13] 그러므로 두 평면 AB, BC의 교선인 DB 이외에는 점 D에서 기존의 평면에 수직이 되는 직선이 있을 수가 없다.

그러므로 이 법칙이 성립한다. □

해설 르장드르를 비롯하여 앞에서 언급한 저자들은 우선 준비삼아 다음 법칙을 도입하였다. 이 법칙은 두 평면이 서로 수직임을 유클리드가 정의한 것에 해당한다. “만약 두 평면이 서로 수직이면, 그들의 교선과 수직이 되고 한 평면에 놓이도록 직선을 그으면, 그 직선은 다른 한 평면과 수직이 된다.” 두 평면 CE, MN이 수직이고, 이들의 교선이 CD라고 하자. (앞의 법칙 해설에 나오는 그림을 이용한다.) 평면 CE에 놓이고, 교선 CD에 수직이 되도록 직선 AB를 그어라. 평면 MN에서, CD에 수직이 되도록 직선 BF를 그어라. 그러면 두 평면이 서로 수직이니, 각 ABF(두 평면이 서로 기운 정도)는 직각이다. 그러므로 AB는 CD, BF 둘 다와 수직이다. 그러므로 평면 MN과 수직이다.

이제 법칙 19를 증명하자. 즉 “만약 두 평면이 제 삼의 평면과 수직이면, 그들의 교선도 제 삼의 평면과 수직이다.”

두 평면 AC, AD의 교선이 AB라 하고, 이 두 평면이 평면 MN과 수직이라고 하자. 두 평면 AC, AD와 평면 MN의 교선을 각각 BC, BD라 하자. 평면 MN에서, BC에 수직이 되도록 BE를 긋고,

BD에 수직이 되도록 BF를 그어라. 그러면 두 평면 AC, MN은 직각으로 만나고, BE는 후자의 평면에 놓여 있으면서 BC에 수직이니, BE는 평면 AC와 수직이다. 그러므로 AB는 BE에 수직이다. [11권 법칙 4] 마찬가지 이유로, AB는 BF에 수직이다.

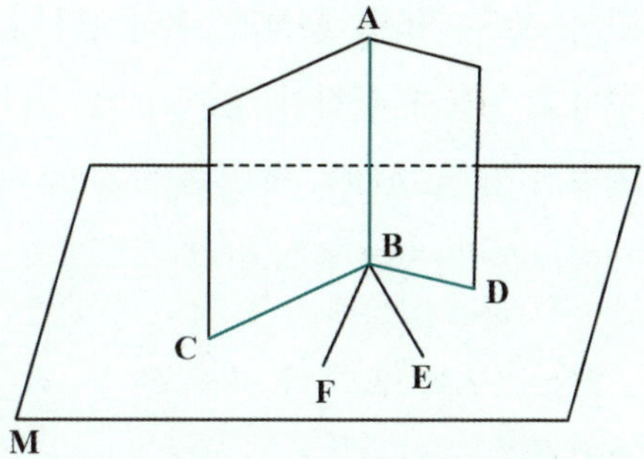

그러므로 AB는 BE, BF를 지나는 평면과 수직이다. 즉 평면 MN과 수직이다.

한 평면에 놓여 있지 않은 두 직선에 수직이 되도록 직선을 긋는 것은 유용한 문제이다. 이 문제와 관련하여, 우선 다음 법칙을 보도록 하자.

"한 평면과, 그 평면에 수직이 아닌 한 직선을 주었다고 하자. 그러면 그 직선을 지나고(포함하고) 주어진 평면에 수직이 되는 평면을 단 한 개만 그릴 수 있다."

주어진 직선을 AB라 하고, 주어진 평면을 MN이라 하자. AB의 어떤 점 C에서, 평면 MN에 수직이 되도록 직선 CD를 그어라. AB와 CD를 지나는(포함하는) 평면 AE를 그려라. 그러면

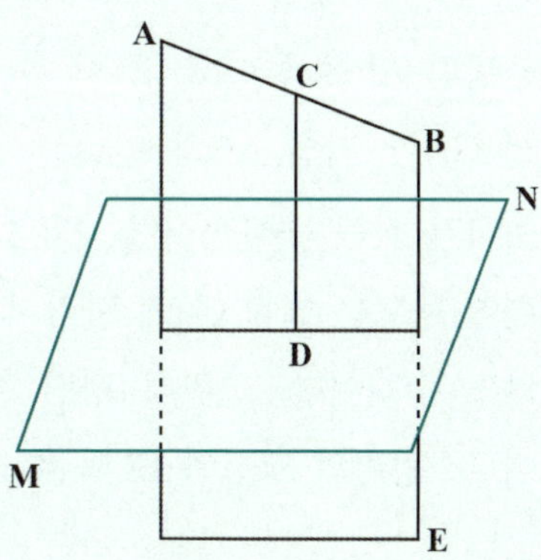

평면 AE는 평면 MN과 수직이다. [11권 법칙 18] 만약에 AB를 지나고 MN과 수직인 평면이 더 있다면, 평면 MN과 수직인 그 두 평면의 교선 AB는 평면 MN과 수직이 된다. [11권 법칙 19]

이것은 가정에 어긋난다.

"한 평면에 놓여 있지 않은 두 직선에 수직이 되도록 직선을 그으시오."

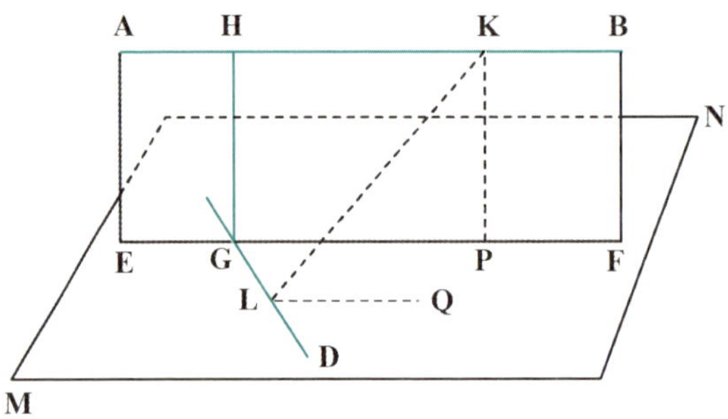

주어진 두 직선을 AB, CD라 하자. CD를 지나고 (포함하고) AB에 평행하도록 평면 MN을 그려라. (11권 법칙 15 해설에 나오는 법칙 (2)를 씀.) AB를 지나고 평면 MN에 수직이 되도록 평면 AF를 그려라. (바로 앞의 법칙 참조.) 평면 AF, 평면 MN의 교선을 EF라 하자. 그리고 EF와 CD가 만나는 점을 G라 하자.

평면 AF에 놓이고, EF에 수직이 되도록 직선 GH를 그어라. 직선 GH가 직선 AB와 만나는 점을 H라 하자. 그러면 GH가 바로 우리가 찾는 수직선이다. AB는 EF와 평행하다. (11권 법칙 15 해설에 나오는 법칙 (4)에 따라서.) 그러므로 EF와 수직인 GH는 AB와도 수직이다. 그런데 평면 AF는 평면 MN과 수직이고, GH는 이 두 평면의 교선인 EF와 수직이다. 그러므로 GH는 평면 MN과 수직이다. 따라서 CD와 수직이다.

그러므로 GH는 AB, CD 둘 다와 수직이다.

"한 평면에 놓여 있지 않은 두 직선에 수직이 되는 직선은 '단 하나'만 그을 수 있다."

만약에 가능하다면, 다른 직선 KL이 AB, CD, 둘 다와 수직이라고 하자. 두 직선 KL, AB를 지나는 평면이 평면 MN과 만나서 생기는 교선을 LQ라 하자. 그러면 AB는 LQ와 평행하다. (11권 법칙 15 해설에 나오는 법칙 (4)에 따라서.) 그런데 KL은 AB와 수직이니, KL은 LQ와도 수직이 된다. 그러므로 KL은 CL, LQ 둘 다와 수직이 된다. 따라서 평면 MN과 수직이다. 그런데 EF와 수직이 되고 평면 AF에 놓이도록 직선 KP를 그으면, KP도 평면 MN과 수직이 된다. 그러니 점 K에서 평면 MN으로 두 개의 수직선을 그었다. 이것은 불가능하다.

로젠버거는 산뜻하게 작도하여서 이 문제를 해결하였다. 두 직선을 주었을 때, 각각의 직선을 지나고 다른 한 직선에 평행하도록 평면들을 그려라.

그 다음에, 각각의 직선을 지나고 다른 한 직선을 지나는 평면에 수직이 되도록 평면들을 그려라. 나중에 그린 이 두 평면은 서로 만나며, 이들의 교선이 원래 두 직선과 수직이 된다.

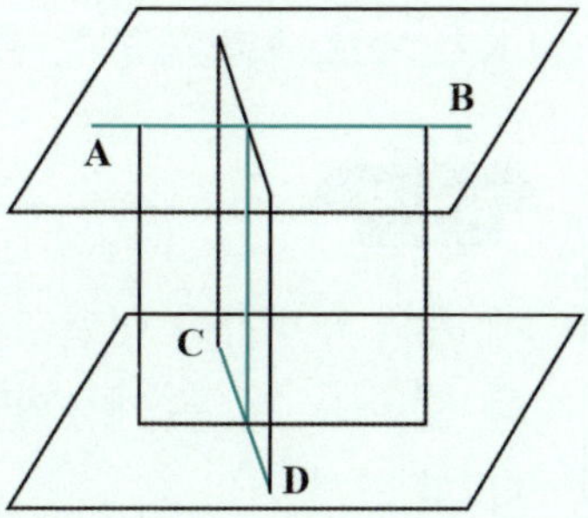

그렇지만 이게 시험 문제에 나오면, 스미스와 브라이언트의 작도 방법을 사용해서 푸는 게 가장 좋다. 그들의 작도 방법은 다른 법칙들을 거의 사용하지 않으며, 그 자체로 완전하기 때문이다.

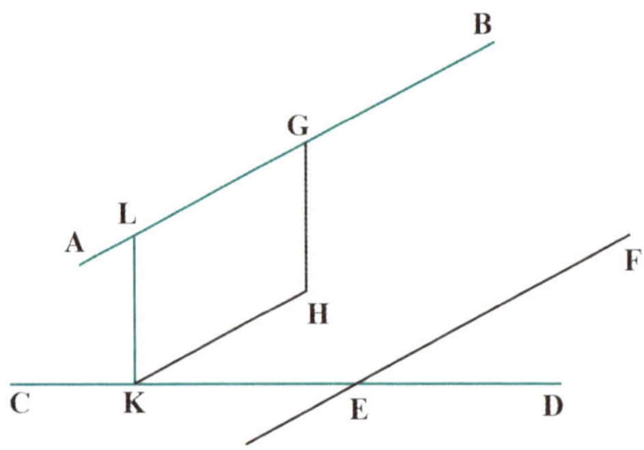

두 직선 AB, CD를 주었다고 하자. CD에서 어떤 점 E를 잡은 다음, AB에 평행하도록 EF를 그어라. AB에서 어떤 점 G를 잡은 다음, 평면 CDF에 수직이 되도록 GH를 그어라. GH가 평면 CDF와 만나는 점을 H라 하자. 평면 CDF에서, FE에 평행하도록, 즉 AB에 평행하도록 직선 HK를 그어라. 이 직선이 CD와 만나는 점을 K라 하자. 그러면 AB, HK는 평행하니, AGHK는 평면이 된다. 평행사변형 GHKL을 완성하여라. LK, GH는 평행하고, GH는 평면 CDF와 수직이니, LK도 평면 CDF와 수직이다. 그러므로 LK는 CD, KH 둘 다와 수직이다. 그런데 AB와 KH는 평행하니, LK는 AB와 수직이다.

LK가 바로 우리가 찾는 수직선이다.

법칙 20

세 개의 평면각이 어떤 입체각을 만든다고 하자. 그러면 이들 중 어느 것 두 개를 골라서 더하더라도, 나머지 한 각보다 더 크다.

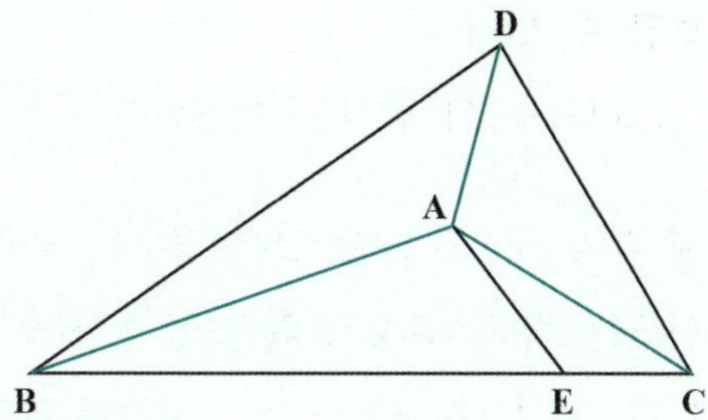

증명 세 평면각 BAC, CAD, DAB가 점 A에서 만나 입체각을 만든다고 하자. 그러면 각 BAC, CAD, DAB 중 어느 것 두 개를 골라서 더하더라도, 나머지 한 각보다 더 큼을 보여야 한다.

만약 각 BAC, CAD, DAB가 모두 크기가 같으면, 어느 것 두 개를 더하더라도 나머지 하나보다 더 큼이 명백하다.

만약 그렇지 않으면, 각 BAC가 더 크다고 하자. 직선 AB의 한 점 A에서 각 DAB와 크기가 같도록, 그리고 BA, AC를 포함하는 평면에 놓이도록, 각 BAE를 만들어라. AE의 길이가 AD의 길이와 같도록 잡아라. 그리고 점 E를 지나도록 직선 BEC를 그어서, 이 직선이 직선 AB, AC와 만나는 점을 B, C라고 하자. 선분 DB, DC를 그어라. DA와 AE는 길이가 같고, AB는 공통이니, 두 변들이 두 변들과 각각 길이가 같다. 그리고 각 DAB와 각 BAE는 크기가 같으니, 밑변 DB와 밑변 BE는 길이가 같다. [1권 법칙 4]

두 변 BD, DC를 더하면 한 변 BC보다 더 길다. [1권 법칙 20] 그리고 DB와 BE는 길이가 같음을 보였으니, 나머지 DC는 나머지 EC보다 더 길다. DA와 AE는 길이가 같고, AC는 공통이고, 밑변 DC는 밑변 EC보다 더 기니까, 각 DAC는 각 EAC보다 더 크다. [1권 법칙 25] 그런데 각 DAB와 각 BAE는 크기가 같다. 그러므로 각 DAB, DAC를 더하면 각 BAC보다 더 크다. 마찬가지 방법으로 다른 두 각을 골라서 더하더라도 나머지 한 각보다 더 큼을 보일 수 있다.

그러므로 이 법칙이 성립한다. □

해설 세 각의 크기가 모두 같은 경우는 명백하니까 제쳐놓은 다음, 유클리드는 "만약 그렇지 않으면, 각 BAC가 더 크다고 하자."고 말했는데, 무엇보다 더 큰지는 말하지 않았다. 하이베르그는 각 BAD보다 더 큼을 뜻한다고 말했다. 즉 이웃한 한 각보다 더 크다는 뜻이다. 하이베르그의 지적은 옳다. 맨 뒤에 가서 "마찬가지 방법으로" 대목을 보면 알 수 있다. 그러니 유클리드는 한 각이 다른 각들 어느 것보다도 크지 않은 경우는 명백하다고 배제하였으며, 나머지 경우들만 증명해 놓았다.

물론 그래도 된다. 그러나 한 걸음 더 나아가서, 한 각이 다른 각들 중 어느 하나보다 더 크더라도, 나머지 한 각보다 더 작거나 같은 경우도 명백하니 배제해도 된다.

심슨은 각 BAC가 나머지 두 각들 중 한 각과 크기가 같을 지도 모른다면서, 다음과 같이 써 놓았다. "만약 세 각 모두의 크기가 같지 않으면, 각 BAC가 다른 두 각보다 작지 않고, 한 각 DAB보다 더 크다고 하자." 그리고 나서, 심슨은 유클리드가 증명한 것과 똑같은 방법으로, 각 DAB와 각 DAC를 더한 것이 각 BAC보다 더 큼을 증명하였다.

마지막으로, 다음과 같이 덧붙여 놓았다. "그런데 각 BAC는 각 DAB, 각 DAC보다 작지 않다. 그러니 각 BAC와 이들 중 한 각을 더하면, 나머지 한 각보다 더 크게 된다."

르장드르와 로젠버거가 언급하였듯이, 맨 앞에서 다음과 같이 말하고 시작하는 것이 좋다. "만약 첫 번째 각이 나머지 두 각 중 어느 하나와 크기가 같거나 더 작으면, 두 각을 더한 것이 첫 번째 각보다 더 큼이 명백하다. 그러니 우리는 한 각이 나머지 두 각 중 어떤 것보다도 더 큰 경우에, 두 각을 더한 것이 전자의 각보다 더 큼을 보이면 충분하다. 그러니 각 BAC가 나머지 각들보다 더 크다고 하자." 그리고 나서, 유클리드가 증명한 것처럼 증명하면 된다.

법칙 21

평면각들이 모여 입체각을 만들면, 그 각들을 모두 더해도 직각의 네 배보다 작다.

증명 평면각 BAC, CAD, DAB가 점 A에서 만나 입체각을 만든다고 하자. 그러면 각 BAC, CAD, DAB를 더한 것은 직각의 네 배보다 더 작음을 보여야 한다.

직선 AB, AC, AD에서 아무 점이라도 좋으니 점 B, C, D를 잡은 다음, 선분 BC, CD, DB를 그어라. 세 개의 평면각 CBA, ABD, CBD가 점 B에서 만나 입체각을 만든다. 그러므로 이들 중 둘을 더하면 나머지 하나보다 더 크다. [11권 법칙 20] 그러므로 각 CBA, ABD를 더한 것은 각 CBD보다 더 크다.

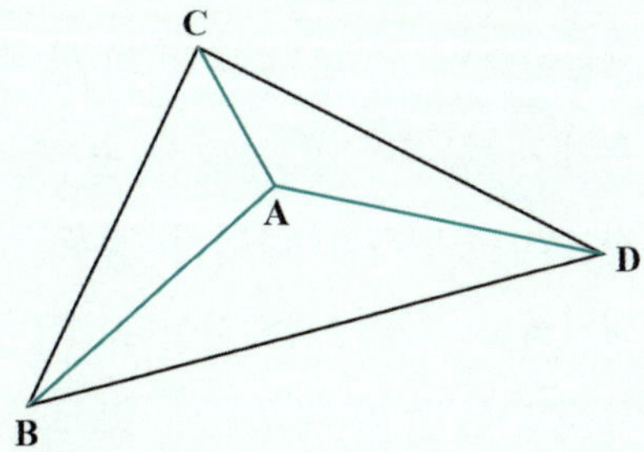

마찬가지 이유로 각 BCA, ACD를 더한 것은 각 BCD보다 더 크고, 각 CDA, ADB를 더한 것은 각 CDB보다 더 크다. 그러므로 여섯 개의 각 CBA, ABD, BCA, ACD, CDA, ADB를 더하면 세 개의 각 CBD, BCD, CDB를 더한 것보다 더 크다. 그런데 세 개의 각 CBD, BCD, CDB를 더하면 직각의 두 배가 된다. [1권 법칙 32] 그러므로 여섯 개의 각 CBA, ABD, BCA, ACD, CDA, ADB를 더하면 직각의 두 배보다 더 크다. 세 개의 삼각형 ABC, ACD, ADB의 세 각들을 더하면 각각 직각의 두 배가 된다. 그러므로 이 세 삼각형의 각 아홉 개를 모두 더하면, 즉 각 CBA, ACB, BAC, ACD, CDA, CAD, ADB, DBA, BAD를 모두 더하면 직각의 여섯 배가 된다. 그런데 이들 중 여섯 개의 각 CBA, ACB, ACD, CDA, ADB, DBA를 더한 것이 직각의 두 배보다 더 크다. 그러므로 나머지 세 개의 각 BAC, CAD, DAB를 더하면 직각의 네 배보다 더 작다. 이들이 바로 입체각을 만드는 각들이다.

그러므로 이 법칙이 성립한다. □

해설 유클리드는 이 법칙을 '임의의' 입체각에 대해서 말해 놓고, 정작 증명은 '삼면각'인 특별한 경우만 해 놓았다. 유클리드는 한 가지 경우만 증명하고 나머지 경우들은 독자들에게 떠넘기곤 하는데, 여기서도 그렇게 한 것이다. 1권 법칙 32를 보면 삼각형의 세 내각을 더한 것이 나오는데, 프로클루스는 그 다음에 일반적인 볼록다각형의 내각의 합에 관한 법칙을 제시하였으며, 대부분의 책들은 그것을 담고 있지만, 유클리드는 그것을 생략하였다. 지금 이 법칙에서 일반적인 볼록입체각의 경우 증명을 생략한 것이 그에 대응한다. 일반적인 볼록입체각의 경우를 증명할 때, 증명 방법을 택하기에 따라서, 변의 개수가 n개인 볼록다각형의 내각의 합은 직각의 2(n-2)배라는 법칙을 사용하지 않을 수도 있다.

여기에 임의의 볼록입체각이 있고, 그 꼭짓점이 V라 하자. 그 입체각을 어떤 평면으로 잘랐더니, 예를 들어 다각형 ABCDE가 생기더라고 하자.

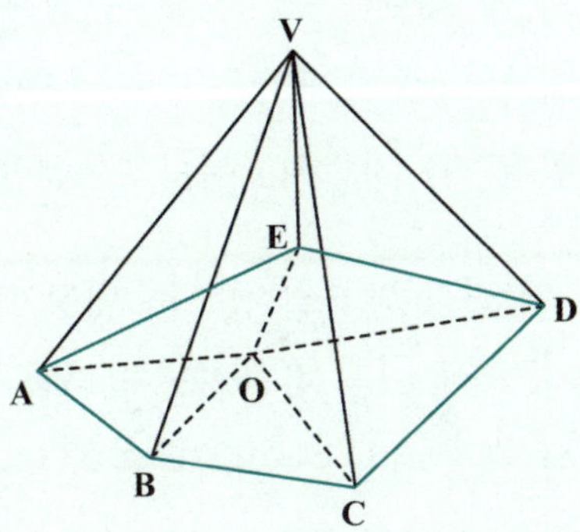

다각형의 내부에서 점 O를 잡아라. 그리고 선분 OA, OB, OC, OD, OE를 그어라. 다각형의 변의 개수를 n개라고 할 때, O를 꼭짓점으로 가지는 삼각형들의 내각을 모두 더하면, 직각의 2n배가 된다. [1권 법칙 32] 그러므로 다각형의 모든 내각과 O 둘레의 각들을 다 더하면 직각의 2n배가 된다.그리고 V를 꼭짓점으로 가지는 삼각형 VAB, VBC, VCD 등등의 내각을 모두 더하면, 직각의 2n배가 된다. 이것은 다음 둘을 더한 것이다. (1) 꼭짓점 V에서 입체각을 만드는 평면각들. (2) V를 꼭짓점으로 가지는 삼각형들의 밑각들. 그러니 (1), (2)를 모두 더하면, 다음 둘을 더한 것과 같다. (3) O 둘레의 모든 각들. (4) 다각형의 모든 내각들.

11권 법칙 20에 따라서, 점 A에서 입체각을 만드는 세 각들 중 각 VAE, 각 VAB를 더하면 각 EAB보다 더 크게 된다.

마찬가지 이유로, 점 B에서, 각 VBA, 각 VBC를 더하면 각

ABC보다 더 크게 된다. 등등. 그러므로 덧셈을 하면, V를 꼭짓점으로 가지는 삼각형들의 밑각들을 모두 더한 것은 다각형의 모든 내각들을 더한 것보다 더 크다. 즉 (2)는 (4)보다 더 크다.

그러므로 (1)은 (3)보다 더 작아야 한다. 즉 꼭짓점 V에서 입체각을 만드는 평면각들을 모두 더한 것은, O 둘레의 각들을 더한 것보다 더 작다. 그런데 O 둘레의 각들을 더한 것은 직각의 네 배이다. 그러므로 입체각을 만드는 평면각들을 모두 더한 것은 직각의 네 배보다 더 작다. 이 법칙은 입체각이 '볼록한' 경우에만 성립한다. 즉 입체각을 만드는 면의 평면을 늘이더라도, 그게 절대로 입체각을 자르지 않는 경우에만 성립한다.

삼면각들이 같다(또는 대칭이다)에 관한 다음 법칙들을 알아 두자. 뒤에 가서 유클리드가 다룰 다면체들을 연구하는 데 이 법칙들이 필요하다. 이 법칙들은 모두 (앞에서 언급하였듯이) 삼면각들의 경우만 다룬다.

(1) "두 개의 삼면각이 있는데, 두 평면각이 두 평면각과 각각 크기가 같고, 그 두 평면이 만드는 이면각이 그 두 평면이 만드는 이면각과 크기가 같고, 같은 것들이 배열된 순서가 일치하면, 그 두 삼면각은 서로 같다."

(2) "두 개의 삼면각이 있는데, 두 이면각이 두 이면각과 각각 크기가 같고, 그 사이에 낀 평면각이 그 사이에 낀 평면각과 크기가 같고, 같은 것들이 배열된 순서가 일치하면, 그 두 삼면각은 서로 같다."

법칙 (1), (2)는 옮겨서 포개 놓는 방법으로 바로 증명할 수 있다.

(3) "두 개의 삼면각이 있는데, 세 평면각이 세 평면각과 각각 크기가 같고, 그들이 배열된 순서가 일치하면, 그 두 삼면각은 서로 같다."

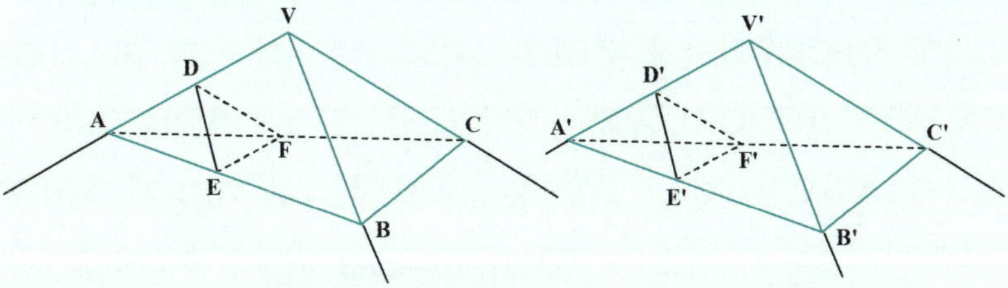

V-ABC와 V'-A'B'C'가 두 개의 삼면각이라고 하자. 그리고 각 AVB와 각 A'V'B'는 크기가 같고, 각 BVC와 각 B'V'C'는 크기가 같고, 각 CVA와 각 C'V'A'는 크기가 같다고 하자. 우리는 우선, 평면각의 쌍이 만드는 이면각은 그에 대응하는 이면각과 크기가 같다는 것을 증명하겠다. 예를 들어, 평면 CVA, 평면 AVB가 만드는 이면각은 평면 C'V'A', 평면 A'V'B'가 만드는 이면각과 크기가 같음을 보이겠다. VA, VB, VC에서 점 A, B, C를 잡고, V'A', V'B', V'C'에서 점 A', B', C'를 잡되, VA, VB, VC, V'A', V'B', V'C'의 길이가 모두 같도록 잡아라. 선분 BC, CA, AB, B'C', C'A', A'B'를 그어라. AV에서 점 D를 잡고, A'V'에서 AD와 길이가 같도록 A'D'를 잡아라.

AV에 수직이 되고 평면 AVB에 놓이도록, D로부터 선분 DE를 그어라. AV에 수직이 되고 평면 CVA에 놓이도록, D로부터 선분 DF를 그어라. 그러면 DE는 AB와 만나고, DF는 AC와 만나며, 삼각형 VAB, 삼각형 VAC는 이등변삼각형들이니, 각 VAB, 각 VAC는 직각보다 더 작다.

선분 EF를 그어라. 마찬가지 방법으로 삼각형 D'E'F'를 만들어라. 가정과 작도에 따라서, 삼각형 VAB와 삼각형 V'A'B'는 서로 합동이다. 그리고 삼각형 VAC와 삼각형 V'A'C'도 서로 합동이며, 삼각형 VBC와 삼각형 V'B'C'도 서로 합동이다. 그러므로 BC, CA, AB는 B'C', C'A', A'B'와 각각 길이가 같으며, 삼각형 ABC와 삼각형 A'B'C'는 서로 합동이다. 이제 삼각형 ADE와 삼각형 A'D'E'에서, 각 ADE는 각 A'D'E'와 크기가 같고, 각 DAE는 각 D'A'E'와 크기가 같으며, 변 AD는 변 A'D'와 길이가 같다.

그러므로 삼각형 ADE와 삼각형 A'D'E'는 서로 합동이다. 마찬가지로, 삼각형 ADF와 삼각형 A'D'F'는 서로 합동이다. 그러므로 삼각형 AEF와 삼각형 A'E'F'에서, EA는 E'A'와 길이가 같고, AF는 A'F'와 길이가 같으며, 각 EAF는 각 E'A'F'와 크기가 같다. (삼각형 ABC와 삼각형 A'B'C'가 합동이니까.) 그러므로 삼각형 AEF와 삼각형 A'E'F'는 서로 합동이다. 마지막으로, 삼각형 DEF와 삼각형 D'E'F'는 세 변의 길이가 각각 서로 같다. 그러므로 이 두 삼각형은 서로 합동이다. 그러므로 각 EDF와 각 E'D'F'는 크기가 같다. 그런데 평면 CVA와 평면 AVB가 만드는 이면각의 크기를 나타내는 게 바로 각 EDF이며, 평면 C'V'A'와 평면 A'V'B'가 만드는 이면각의 크기를 나타내는 게 바로 각 E'D'F'이다.

그러므로 이 두 이면각은 크기가 같다. 마찬가지 이유로, 나머지 두 이면각들도 각각 크기가 같다. 그러므로 이들 두 삼면각 중 어느 하나를 옮겨서 다른 하나에다 겹쳐 놓으면, 둘은 완전히 일치하게 된다. 즉 이들은 서로 같다.

"배열된 순서가 일치한다."는 말이 무슨 뜻인지 이해하려면, 우리가 꼭짓점에 앉아 있으면서, 시계가 도는 방향 또는 반대 방향으로 각들을 살펴본다고 상상해라. 만약 평면각들과 이면각들의 배열된 순서가 서로 반대이면, 즉 한 삼면각에서는 시계가 도는 방향으로 되어 있고 다른 한 삼면각에서는 시계가 도는 반대 방향으로 되어 있다면, 그리고 앞의 세 법칙들의 다른 조건들을 모두 만족한다면, 이 두 삼면각은 서로 같은 게 아니라 서로 '대칭'이 된다.

만약 삼면각을 만드는 면들을 꼭짓점을 지나 반대 방향으로 늘이면, 이들은 꼭짓점 반대편에 새로운 삼면각을 만든다. 이 삼면각과 원래 삼면각은 서로 '대칭'임을 쉽게 알 수 있다.

법칙 22

세 개의 평면각이 있는데, 이들 중 어느 것 둘을 더해도 나머지 하나보다 더 크다고 하자. 그리고 이 각들을 만드는 선분들이 모두 길이가 같다고 하자. 그러면 이 선분들의 끝점들을 이었을 때 생기는 선분들을 가지고 삼각형을 만들 수 있다.

증명 세 개의 평면각 ABC, DEF, GHK가 있는데, 이들 중 어느 것 둘을 더해도 나머지 하나보다 더 크다고 하자. 바꿔 말하면, 각 ABC, DEF를 더하면 각 GHK보다 더 크고, 각 DEF, GHK를 더하면 각 ABC보다 더 크고, 각 GHK, ABC를 더하면 각 DEF보다 더 크다고 하자. 그리고 선분 AB, BC, DE, EF, GH, HK는 모두 길이가 같다고 하자.

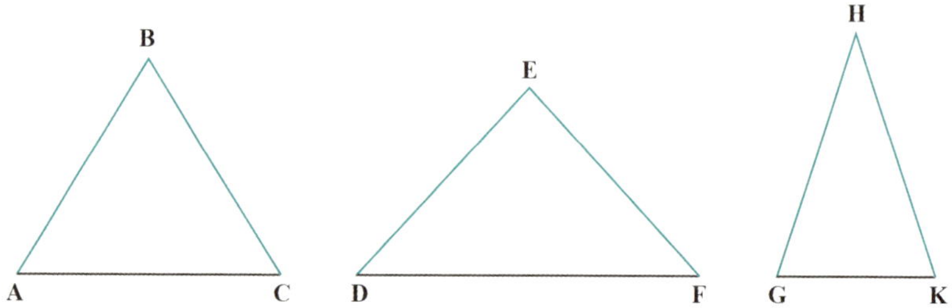

선분 AC, DF, GK를 그어라. 그러면 AC, DF, GK와 길이가 같은 선분들을 가지고 삼각형을 만들 수 있음을 보여야 한다. 바꿔 말하면, AC, DF, GK 중 어느 것 둘을 더해도 나머지 하나보다 더 길게 됨을 보여야 한다. 만약 각 ABC, DEF, GHK의 크기가 모두 같으면 AC, DF, GK의 길이도 모두 같으니, 변의 길이가 이들과 같도록 삼각형을 만들 수 있음이 명백하다.

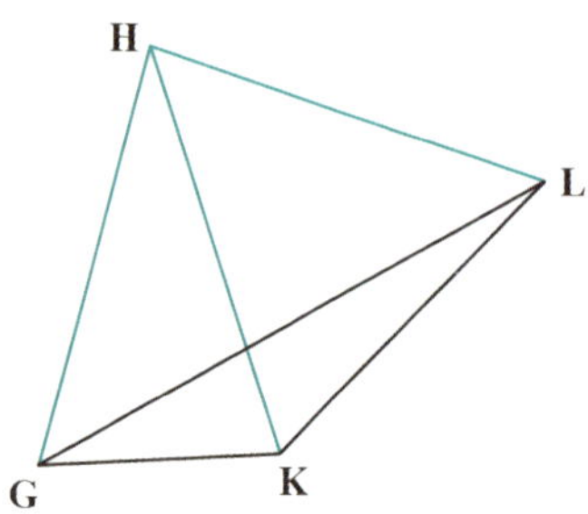

만약 그렇지 않다면 이들은 크기가 다를 것이다. 선분 HK의 한 점 H에서 각 ABC와 크기가 같도록 각 KHL을 잡아라. 그리고 HL의 길이가 선분 AB, BC, DE, EF, GH, HK의 길이와 같도록 잡아라. 선분 KL, GL을 그어라.

두 변 AB, BC는 두 변 KH, HL과 길이가 같고, 각 B는 각 KHL과 크기가 같으니, 밑변 AC는 밑변 KL과 길이가 같다. [1권 법칙 4] 그리고 각 ABC, GHK를 더한 것은 각 DEF보다 더 크고, 각 ABC와 각 KHL은 크기가 같으니, 각 GHL은 각 DEF보다 더 크다. 두 변 GH, HL은 두 변 DE, EF와 크기가 같고, 각 GHL은 각 DEF보다 더 크니까, 밑변 GL은 밑변 DF보다 더 길다. [1권 법칙 24] 그런데 GK, KL을 더한 것은 GL보다 더 길다. 그러므로 GK, KL을 더한 것은 DF보다 훨씬 더 길다. 그런데 KL은 AC와 길이가 같다. 그러므로 AC, GK를 더한 것은 나머지 한 선분 DF보다 더 길다. 마찬가지 방법으로 AC, DF를 더한 것은 GK보다 더 길고, DF, GK를 더한 것은 AC보다 더 긺을 보일 수 있다. 그러므로 AC, DF, GK와 길이가 같은 선분들을 가지고 삼각형을 만들 수 있다.

그러므로 이 법칙이 성립한다. □

해설 그리스어 책에는 다른 증명 방법이 나오는데, 하이베르그는 그것을 책의 맨 뒤로 돌려 놓았다. 심슨은 유클리드의 증명 대신에 그 증명 방법을 택했다. 그렇지만 맨 앞부분에 나오는 “만약 그렇지 않으면, B, E, H의 각들이 크기가 다르다고 하고, B의 각이 E, H의 각들보다 더 크다고 하자.”라는 부분에 대해서는 반대를 했다. 심슨은 이 부분을 약간 바꿔서, B의 각이 나머지 두 각들 중 어느 하나와 크기가 같고 다른 하나보다 더 큰 경우도 고려해 놓았다.

유클리드는 세 각 모두 크기가 같은 경우만 따로 고려해 놓았다. 유클리드는 한 밑변이 나머지 두 밑변을 더한 것보다 짧음을 보인 다음에, 다른 두 밑변의 경우도 “마찬가지 방법으로 보일 수 있다.”고 말했다. 세 각의 상대적인 크기에 따라서 구별하려면, 11권 법칙 21에서 설명해 놓은 것처럼, 한 각이 나머지 두 각 중 어느 하나보다 더 작거나 같으면, 그 각을 대하는 밑변은 나머지 두 각을 대하는 밑변들을 더한 것보다 더 짧음이 확실하다. 그러니 한 각이 나머지 두 각보다 더 큰 경우에, 그 각을 대하는 밑변이 나머지 두 각을 대하는 밑변들을 더한 것보다 더 짧음을 보이기만 하면 된다. 앞에서 말한, 다른 증명 방법이 바로 이 길을 택하고 있다.

법칙 23

세 개의 평면각이 있는데, 이들 중 어느 것 둘을 더해도 나머지 하나보다 더 크다고 하자. 이 각들을 가지고 입체각을 만드시오. 그러므로 세 각을 더한 것이 직각의 네 배보다 더 작다고 가정해야 한다.

증명 세 개의 평면각 ABC, DEF, GHK가 있는데, 이들 중 어느 것 둘을 더해도 나머지 하나보다 더 크다고 하자. 그리고 세 각을 더한 것은 직각의 네 배보다 더 작다고 하자. 그러면 각 ABC, DEF, GHK와 크기가 같은 각들을 가지고 입체각을 만들어야 한다.

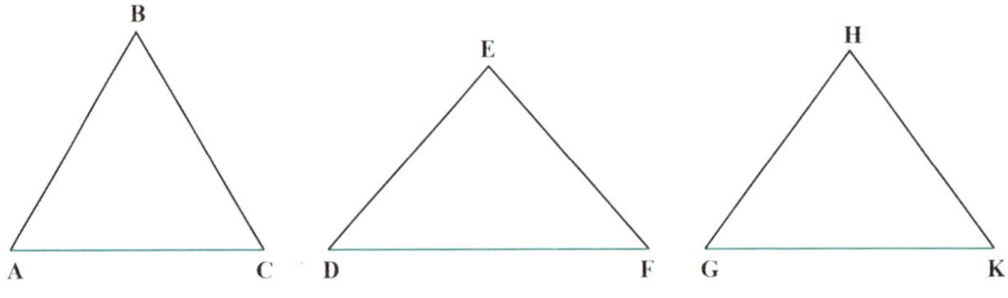

선분 AB, BC, DE, EF, GH, HK가 모두 길이가 같도록 잡아라. 선분 AC, DF, GK를 그어라. 그러면 AC, DF, GK와 길이가 같은 선분들을 가지고 삼각형을 만들 수 있다. [11권 법칙 22] 삼각형 LMN이 그런 삼각형이라고 하자. 즉 AC와 LM이 길이가 같고, DF와 MN이 길이가 같고, GK와 NL이 길이가 같다고 하자.

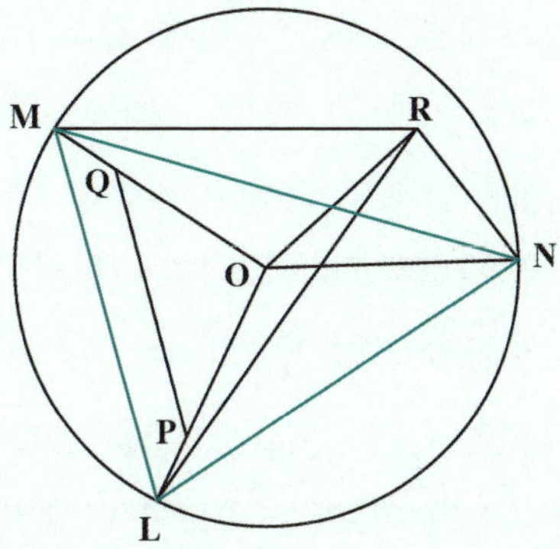

삼각형 LMN에 외접하도록 원 LMN을 그려라. 이 원의 중점을 O로 나타내자. 선분 LO, MO, NO를 그어라. 그러면 AB는 LO보다 더 긺을 보이겠다. 만약에 그렇지 않다면, AB는 LO와 길이가 같거나 더 짧다. 우선, 길이가 같다고 하자. AB와 LO가 길이가 같은데, AB와 BC는 길이가 같고, LO와 OM은 길이가 같으니, 두 변 AB, BC는 두 변 LO, OM과 길이가 같다. 그리고 가정에 따라서 밑변 AC와 밑변 LM은 길이가 같다. 그러므로 각 ABC는 각 LOM과 크기가 같다. [1권 법칙 8] 마찬가지 이유로 각 DEF는 각 MON과 크기가 같고, 각 GHK는 각 NOL과 크기가 같다. 그러므로 세 각 ABC, DEF, GHK를 더하면 세 각 LOM, MON, NOL을 더한 것과 크기가 같다. 그런데 세 각 LOM, MON, NOL을 더하면 직각의 네 배가 된다. 그러므로 세 각 ABC, DEF, GHK를 더한 것도 직각의 네 배가 된다. 그런데 가정에 따라서 이들을 더한 것은 직각의 네 배보다 더 작다. 그러니 이건 모순이다. 그러므로 AB는 LO와 길이가 같을 수가 없다.

그 다음, AB는 LO보다 짧을 수가 없음을 보이겠다. 만약에 그럴 수 있다면, 더 짧다고 해 보자. OP의 길이가 AB의 길이와 같도록 잡고, OQ의 길이가 BC의 길이와 같도록 잡아라. 선분 PQ를 그어라.

AB와 BC는 길이가 같고, OP와 OQ는 길이가 같으니, 나머지 LP는 나머지 QM과 길이가 같다. 그러므로 LM과 PQ는 평행하다. [6권 법칙 2] 그리고 삼각형 LMO와 삼각형 PQO는 각들의 크기가 같다.(닮은꼴이다.) [1권 법칙 29] 그러므로 OL과 LM의 비율은 OP와 PQ의 비율과 같으며 [6권 법칙 4], 바꾼 비례식에 따라서 LO와 OP의 비율은 LM과 PQ의 비율과 같다. [5권 법칙 16]

그런데 LO는 OP보다 더 길다. 그러므로 LM도 PQ보다 더 길다. 그런데 LM은 AC와 길이가 같다. 그러므로 AC도 PQ보다 더 길다. 그러므로 두 변 AB, BC는 두 변 PO, OQ와 길이가 같고, 밑변 AC는 밑변 PQ보다 더 기니까, 각 ABC는 각 POQ보다 더 크다. [1권 법칙 25] 마찬가지 방법으로 각 DEF는 각 MON보다 더 크고, 각 GHK는 각 NOL보다 더 큼을 보일 수 있다. 그러므로 세 각 ABC, DEF, GHK를 더한 것은 세 각 LOM, MON, NOL을 더한 것보다 더 크다. 그런데 가정에 따라서 세 각 ABC, DEF, GHK를 더한 것은 직각의 네 배보다 더 작다. 그러므로 세 각 LOM, MON, NOL을 더한 것도 직각의 네 배보다 작아야 한다.

그러나 이것들을 더한 것은 직각의 네 배가 된다. 그러니 이건 모순이다. 그러므로 AB는 LO보다 짧을 수가 없다. 그리고 AB는 LO와 길이가 같지 않음을 보였다. 그러므로 AB는 LO보다 더 길다.

점 O에서 원 LMN을 포함하는 평면에 수직이 되도록 선분 OR을 세워라. [11권 법칙 12] OR로 만든 정사각형의 넓이가 AB로 만든 정사각형의 넓이에서 LO로 만든 정사각형의 넓이를 뺀 것과 같도록 OR을 잡아라. [보조 법칙] 선분 RL, RM, RN을 그어라.

RO는 원 LMN을 포함하는 평면과 수직이니, RO는 선분 LO, MO, NO 모두와 수직이다. 그리고 LO와 OM은 길이가 같고, OR은 공통이며 각이 직각이니, 밑변 RL은 밑변 RM과 길이가 같다. [1권 법칙 4] 마찬가지 이유로 RN은 두 선분 RL, RM과 길이가 같다. 그러므로 세 선분 RL, RM, RN은 모두 길이가 같다.

OR로 만든 정사각형의 넓이가 AB로 만든 정사각형의 넓이에서 LO로 만든 정사각형의 넓이를 뺀 것과 같으니, AB로 만든 정사각형의 넓이는 LO, OR로 만든 정사각형들을 더한 것과 같다. 그런데 LR로 만든 정사각형의 넓이는 LO, OR로 만든 정사각형들을 더한 것과 같다. 왜냐 하면, 각 LOR이 직각이기 때문이다. [1권 법칙 47] 그러므로 AB로 만든 정사각형과 RL로 만든 정사각형은 넓이가 같다. 그러므로 AB와 RL은 길이가 같다.

그런데 선분 BC, DE, EF, GH, HK는 AB와 길이가 같고, 선분 RM, RN은 RL과 길이가 같다. 그러므로 선분 AB, BC, DE, EF, GH, HK는 RL, RM, RN과 길이가 같다.

두 변 LR, RM이 두 변 AB, BC와 길이가 같고, 밑변 LM은 밑변 AC와 길이가 같으니, 각 LRM은 각 ABC와 크기가 같다. [1권 법칙 8] 마찬가지 이유로 각 MRN은 각 DEF와 크기가 같고, 각 LRN은 각 GHK와 크기가 같다. 그러므로 세 평면각 LRM, MRN, LRN은 주어진 세 각 ABC, DEF, GHK와 크기가 같으며, 점 R에서 각 LRM, MRN, LRN을 가지고 입체각을 만들었다.

그러므로 이 법칙이 성립한다. □

보조 법칙

OR로 만든 정사각형의 넓이가 AB로 만든 정사각형의 넓이에서 LO로 만든 정사각형의 넓이를 뺀 것과 같도록 OR을 잡는 게 어떻게 가능한지 보여주겠다.

증명 선분 AB, LO가 있는데, AB가 더 길다고 하자. AB에다 반원 ACB를 그려라. 반원 ACB에다 선분 AC를 걸쳐 놓되, AC의 길이가 LO의 길이와 같도록 잡아라. [4권 법칙 1] 이것은 지름 AB보다 더 짧다고 했다. 선분 CB를 그어라. 각 ACB는 반원 ACB의 내부원주각이니 직각이다. [3권 법칙 31] 그러므로 AB로 만든 정사각형의 넓이는 AC, CB로 만든 정사각형들을 더한 것과 같다. [1권 법칙 47] 그러므로 BC로 만든 정사각형의 넓이는 AB로 만든 정사각형의 넓이에서 AC로 만든 정사각형의 넓이를 뺀 것과 같다.

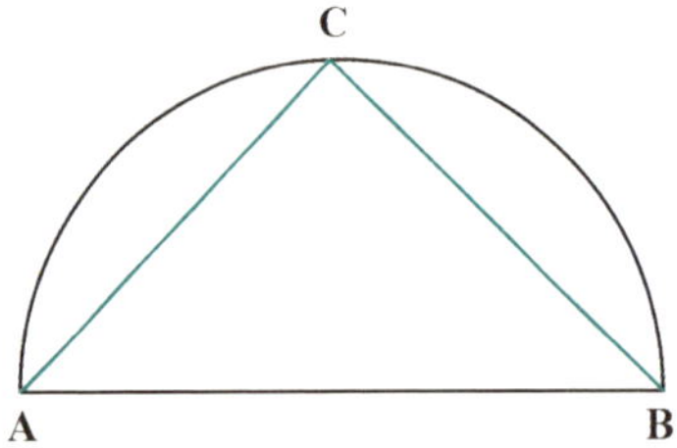

그런데 AC와 LO는 길이가 같다. 그러므로 BC로 만든 정사각형의 넓이는 AB로 만든 정사각형의 넓이에서 LO로 만든 정사각형의 넓이를 뺀 것과 같다. 그러므로 OR의 길이가 BC의 길이와 같도록 잡으면, OL로 만든 정사각형의 넓이는 AB로 만든 정사각형의 넓이에서 LO로 만든 정사각형의 넓이를 뺀 것과 같다.

그러므로 이 법칙이 성립한다. □

해설 법칙 23에서는, 실제로 이런 입체각을 '만들 수 있도록' 하는 한 가지 사실을 보이는 일이 가장 어렵다. 즉 주어진 각들을 꼭지각들로 가지고 등변들은 서로 길이가 같은 이등변삼각형들의 밑변들과 길이가 같도록 삼각형 LMN을 만들었는데, 이등변삼각형들의 등변들 중의 하나, 이를테면 AB가 삼각형 LMN에 외접하는 원의 반지름 LO보다 더 큼을 보이는 것이 핵심이다.

AB가 LO보다 더 크다고 가정을 하면, 삼각형 LMN을 포함하는 평면에 수직이 되도록 중점 O로부터 OR을 세우되, LO, OR로 만든 정사각형들을 더한 것이 AB로 만든 정사각형과 넓이가 같도록 하면 된다. 그러고 나서, 선분 RL, RM, RN을 그으면 된다.

(AB로 만든 정사각형에서 LO로 만든 정사각형을 뺀 것이 OR로 만든 정사각형과 넓이가 같게 되도록 OR을 잡는 방법은, 법칙 23 직후에 보조 법칙으로 나온다. 사실 이 작도 방법은 10권 법칙 13 뒤의 보조 법칙에 이미 나왔다.)

그러면 RL, RM, RN은 모두 AB와 길이가 같으며, 또한 서로 길이가 같다. [1권 법칙 4, 1권 법칙 47] 그러므로 삼각형 LRM, MRN, NRL은 삼각형 ABC, DEF, GHK와 변들의 길이가 각각 같다. 그러므로 이들의 꼭지각들은 주어진 세 개의 각들과 각각 크기가 같다. 그러므로 원하는 입체각을 작도하였다.

이제 이 작도의 전제 조건에 대해서 생각해 보자. 즉 AB가 LO보다 더 큼을 보이는 일. 늘 그렇듯이, 유클리드는 한 가지 경우만 증명해 놓았다. 바꿔 말하면, 삼각형 LMN에 외접하는 원의 중점 O가 삼각형의 안에 놓이는 경우만을 증명해 놓았다. 그렇지만 그리스어 책을 보면, 이 법칙의 증명이 완전히 끝난 다음에, 나머지 두 경우를 다루어 놓았다. 그 위치를 보면, 나머지 두 경우는 유클리드가 쓴 게 아니라, 후대 사람들이 덧붙여 놓은 것임이 명백하다. 외접원의 중점 O를 찾아서, O의 위치에 따라서 세 가지 경우로 구별하는 대목을 보아도 알 수 있다. "중점은 삼각형 LMN의 안에 있거나, 또는 한 변에 놓여 있거나, 또는 바깥에 놓여 있다. 우선, 안에 있다고 하자." 이 대목은 몇몇 필사본에 나오며, 후대 사람들이 덧붙여 놓은 것임이 확실하다. 그렇지만 나머지 두 경우를 덧붙여 놓은 것은 아주 일찍 있었던 일임이 확실하다.

세 가지 경우의 증명이 어떻게 되는지 쉽게 파악할 수 있도록, 나는 여기에다 세 가지 경우 (유클리드가 증명해 놓은 것과 나머지 두 경우) 모두를 제시해 놓겠다. 눈에 바로 들어오도록, 기호를 써서 나타내겠다. 세 가지 경우 모두, '모순을 이끌어 내는 방법'으로 증명한다. 우선 AB가 LO와 같을 수 없음을 보이고, 그 다음에 AB가 LO보다 더 작을 수 없음을 보인다.

경우 I.

(1) 만약에 가능하다면, AB = LO라 하자.

그러면 AB, BC는 LO, OM과 각각 길이가 같으며, 작도에 따라서 AC = LM이다.

그러므로 $\angle ABC = \angle LOM$

마찬가지로, $\angle DEF = \angle MON$

$\angle GHK = \angle NOL$

이들을 모두 더하면, 우리는 다음 식을 얻는다.

$$\angle ABC + \angle DEF + \angle GHK = \angle LOM + \angle MON + \angle NOL$$
$$= \text{직각의 네 배}$$

그러나 이것은 가정에 어긋난다. 그러므로 AB ≠ LO이다.

(2) AB < LO라고 해 보자.

OL을 따라서 AB와 길이가 같도록 OP를 잡고, OM을 따라서 AB와 길이가 같도록 OQ를 잡아라. 그러면 OL, OM은 길이가 같으니, PQ와 LM은 서로 평행하다. 그러므로

$$LM : PQ = LO : OP$$

그리고 LO > OP이니, AC = LM > PQ이다. 그러므로 △POQ, △ABC에서, 두 변은 두 변과 각각 길이가 같고, 밑변 AC는 밑변 PQ보다 더 크다. 그러므로

$$\angle ABC > \angle POQ = \angle LOM$$

마찬가지로, $\angle DEF > \angle MON$

$$\angle GHK > \angle NOL$$

이들을 모두 더하면,

$$\angle ABC + \angle DEF + \angle GHK > \text{직각의 네 배}$$

그러나 이것은 가정에 어긋난다.

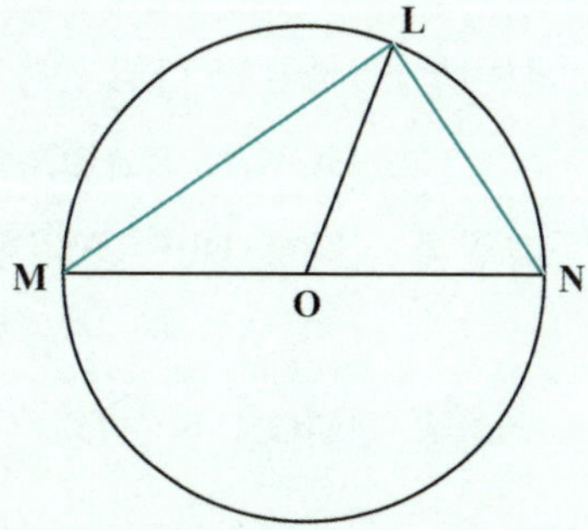

경우 II.

외접원의 중점 O가 삼각형 LMN의 한 변에 놓여 있다고 하자.

(1) 만약에 가능하다면, AB = LO라 하자.

그러면

$$AB + BC = DE + EF = MO + OL = MN = DF$$

이것은 가정에 어긋난다.

(2) AB < LO라 하면 더욱 터무니없는 결과가 나온다. 이 경우는

$$DE + EF < DF$$

가 되기 때문이다.

경우 Ⅲ.

외접원의 중점 O가 삼각형 LMN의 바깥에 놓여 있다고 하자.

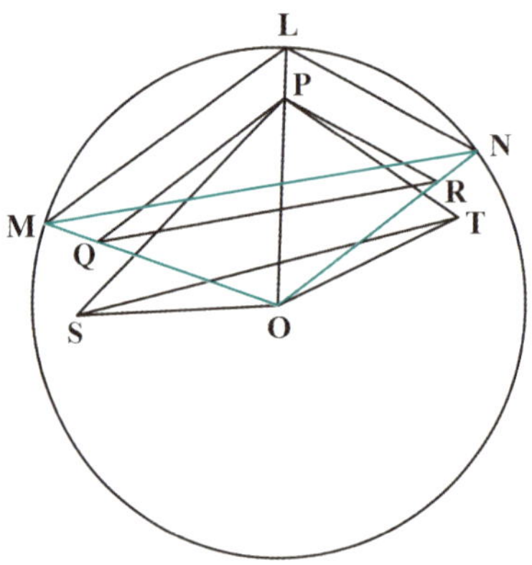

(1) 만약에 가능하다면, AB = LO라 하자. 그러면 삼각형 ABC, 삼각형 LOM에서, 두 변 AB, BC는 두 변 LO, OM과 각각 길이가 같고, 밑변 AC는 밑변 LM과 길이가 같다.

그러므로 $\angle ABC = \angle LOM$

마찬가지로, $\angle GHK = \angle NOL$

그러므로 덧셈을 하면,

$\angle MON = \angle ABC + \angle GHK > \angle DEF$(가정에 따라서)

그런데 삼각형 DEF, 삼각형 MON은 서로 합동이니,

$$\angle MON = \angle DEF$$

그런데 $\angle MON > \angle DEF$ 임을 증명하였으니, 모순이 생겼다.

(2) 만약에 가능하다면, AB < LO라 하자.

OL을 따라 AB와 길이가 같도록 OP를 잡고, OM을 따라 AB와

길이가 같도록 OQ를 잡아라.

그러면 LM, PQ는 서로 평행하므로,

LM : PQ = LO : OP

그런데 LO > OP이니,

LM = AC > PQ

즉 삼각형 ABC와 삼각형 POQ에서,

∠ABC > ∠POQ = ∠LOM

마찬가지 방법으로, ON을 따라 AB와 길이가 같도록 OR을 잡으면,

∠GHK > ∠LON

이제 점 O에서, ∠ABC와 크기가 같도록 ∠POS를 만들고, ∠GHK와 크기가 같도록 ∠POT를 만들어라.

OS, OT는 OP와 길이가 같도록 잡고, 선분 ST, SP, TP를 그어라.

그러면 삼각형 ABC와 삼각형 POS는 서로 합동이니,

AC = PS

즉 LM = PS

마찬가지로, LN = PT

그러므로 삼각형 MLN과 삼각형 SPT에서,

∠MLN > ∠SPT

이니(이것은 그냥 받아들였는데, 설명해 놓았어야 했다),

MN > ST 이다.

즉 DF > ST

마지막으로, 삼각형 DEF와 삼각형 SOT는 두 변이 두 변과 각각 길이가 같고, DF > ST이니,

$\angle DEF > \angle SOT > \angle ABC + \angle GHK$ (작도에 의해서)

이것은 가정에 어긋난다.

심슨은 세 가지 경우 모두 다르게 증명해 놓았다. 그의 증명을 짧고 간단하게 표현하면, 본질적으로 다음과 같다.

경우 I. (O가 △LMN의 안에 놓임.)

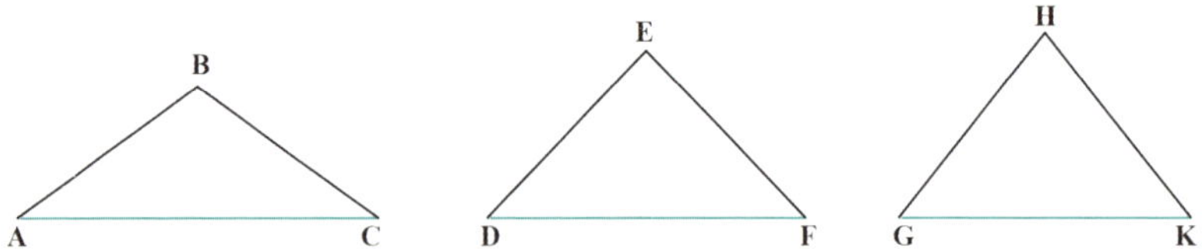

(1) 만약에 가능하다면, AB = LO라 하자.

그러면 △ABC, △DEF, △GHK는 △LOM, △MON, △NOL과 각각 서로 합동이다. 그러므로 B, E, H에서의 각들을 모두 더한 것은, 후자의 삼각형들의 O에서의 꼭지각들을 모두 더한 것과 같으며, 이것은 직각의 네 배와 같다.

그러니 가정에 어긋난다.

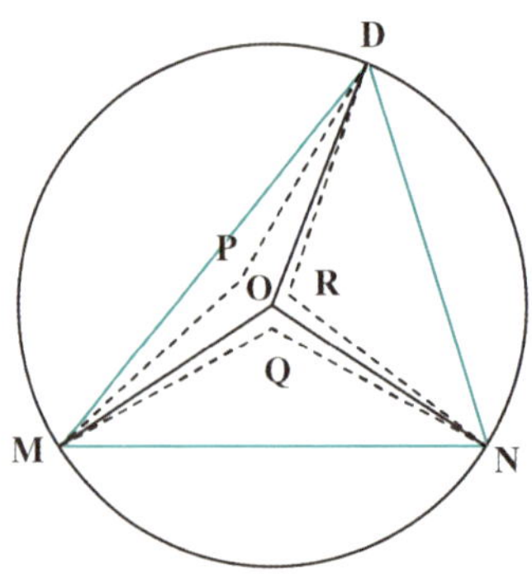

(2) 만약 AB < LO이면, LM, MN, NL을 밑변으로 해서, △ABC, △DEF, △GHK와 각각 합동인 삼각형들을 작도하고, 그 꼭짓점들을 P, Q, R이라 하자.

그러면 P, Q, R은 O에서 생긴 각각의 각들 안에 놓인다. 왜냐 하면,

$$PL = PM < LO = MO$$

이기 때문이다. Q, R도 마찬가지이다.

그러므로 1권 법칙 21에 따라서, P, Q, R의 각들은 이들을 포함하고 있는 O의 각들보다 각각 더 크다. 그러므로 P, Q, R의 각들을 모두 더한 것, 즉 B, E, H의 각들을 모두 더한 것은 직각의 네 배보다 더 크다.

이것은 가정에 어긋난다.

경우 II. (O가 MN에 놓임.)

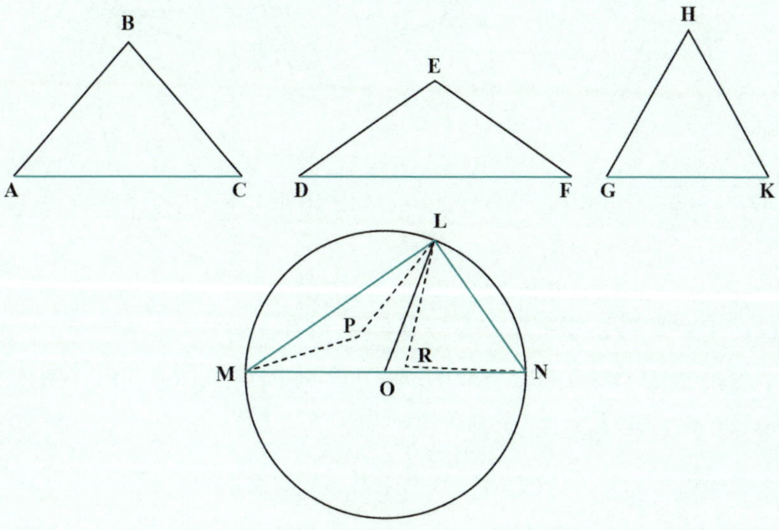

이 경우는 (1) AB = LO이든, 또는 (2) AB < LO이든, MN을 밑변으로 하고 나머지 두 변이 AB와 길이가 같은 삼각형을 만들 수 없다. 즉 삼각형 DEF는 선분이 되어 버리거나, 또는 아예 만들 수 없다.

경우 III. (O가 △LMN의 바깥에 놓임.)

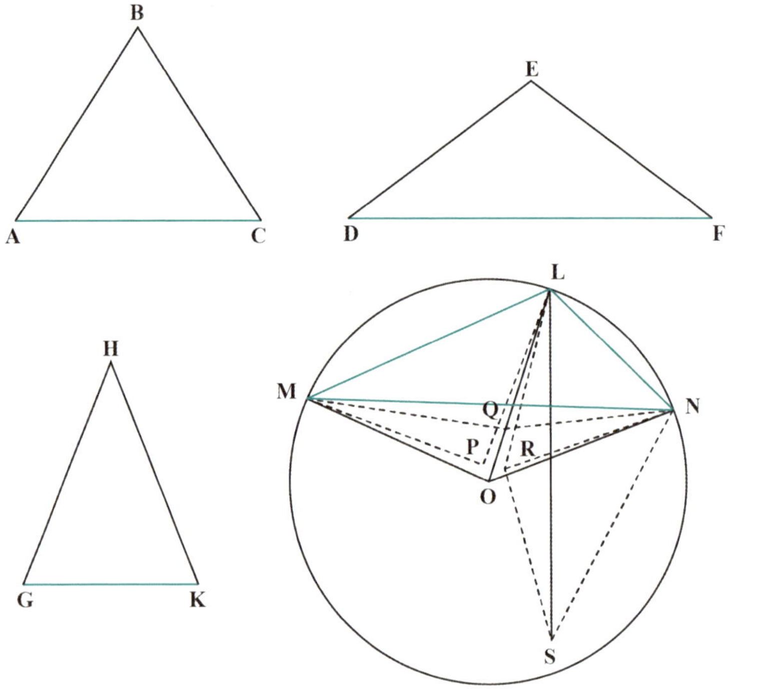

(1) 만약에 가능하다면, AB = LO라 하자.

그러면 삼각형 LOM, MON, NOL은 삼각형 ABC, DEF, GHK와 각각 서로 합동이 된다.

그런데 $\angle LOM + \angle LON = \angle MON$

이니, $\angle ABC + \angle GHK = \angle DEF$

가 된다. 이것은 가정에 어긋난다.

(2) AB < OL이라 해 보자.

앞에서와 마찬가지로, LM, MN, NL을 밑변으로 해서, △ABC, △DEF, △GHK와 각각 합동인 삼각형들을 작도하고, 그 꼭짓점들을 P, Q, R이라 하자.

선분 NR의 점 N에서, 각 PLM과 크기가 같도록 각 RNS를 만들어라. LM과 길이가 같도록 NS를 잡고, 선분 RS, LS를 그어라.

그러면 △NRS는 △LPM과 합동이다. 즉 △ABC와 합동이다.

이제 $\angle LNR + \angle RNS < \angle NLO + \angle OLM$,

즉 $\angle LNS < \angle NLM$

이 성립한다.

그러므로 △LNS와 △NLM에서, 두 변은 두 변과 각각 길이가 같고, 그 사이에 낀 각들은 전자가 후자보다 더 작다.

그러므로 $LS < MN$

그러므로 삼각형 MQN과 삼각형 LRS에서, 두 변은 두 변과 각각 길이가 같고, 세 번째 변은 MN > LS이다. 그러므로

$$\begin{aligned}\angle MQN &> \angle LRS \\ &> \angle LRN + \angle SRN \\ &> \angle LRN + \angle LPM\end{aligned}$$

즉 $\angle DEF > \angle GHK + \angle ABC$

그러나 이것은 모순이다.

법칙 24

어떤 입체가 평행한 평면들로 둘러싸여 있으면, 반대쪽에 있는 평면들은 크기가 같은 평행사변형들이다.

증명 입체 ABCDGHFE가 평행한 평면 ABCD, GHFE, ABHG, DCFE, BCFH, ADEG로 둘러싸여 있다고 하자. 그러면 반대쪽에 있는 평

면들은 크기가 같은 평행사변형들임을 보여야 한다.

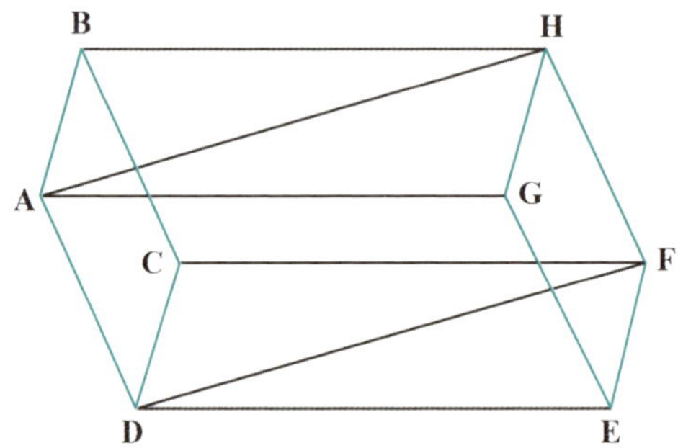

두 평행한 평면 ABHG, DCFE를 평면 ABCD가 자르니, 이들의 교선들은 평행하다. [11권 법칙 16] 그러므로 AB와 DC는 평행하다.

그리고 두 평행한 평면 BCFH, ADEG를 평면 ABCD가 자르니, 이들의 교선들은 평행하다. [11권 법칙 16] 그러므로 BC와 AD는 평행하다. 그런데 AB와 DC는 평행함을 보였다. 그러므로 ABCD는 평행사변형이다. 마찬가지 방법으로 DCFE, GHFE, ABHG, BCFH, ADEG는 모두 평행사변형임을 보일 수 있다.

직선 AH, DF를 그어라. AB와 DC가 평행하고, BH와 CF가 평행하니, 두 직선 AB, BH가 서로 만나고, 또 어떤 두 직선 DC, CF가 서로 만나는데, 이들은 각각 서로 평행하며 같은 평면에 놓여 있지 않다. 그러므로 이들은 같은 크기의 각을 만든다. [11권 법칙 10] 그러므로 각 ABH와 각 DCF는 크기가 같다.

두 변 AB, BH는 두 변 DC, CF와 각각 길이가 같고 [1권 법칙 34], 각 ABH는 각 DCF와 크기가 같으니, 밑변 AH는 밑변 DF와 길이가 같으며, 삼각형 ABH는 삼각형 DCF와 똑같다. [1권 법칙 4]

평행사변형 ABHG는 삼각형 ABH의 두 배이며, 평행사변형

DCFE는 삼각형 DCF의 두 배이다. [1권 법칙 34] 그러므로 평행사변형 ABHG는 평행사변형 DCFE와 크기가 같다. 마찬가지 방법으로 ABCD와 GHFE는 크기가 같고, ADEG와 BCFH는 크기가 같음을 보일 수 있다.

그러므로 이 법칙이 성립한다. □

해설 하이베르그가 지적하였듯이, 이 법칙은 조심성 없이 기술해 놓았다. 유클리드는 '여섯 개'의 면들로 둘러싸인 입체를 뜻하고 있다. 면들은 '둘씩 둘씩' 서로 평행하며, 마주 보는 면들이 서로 '합동'이라는 의미로 같다. 심슨은 '넓이가 같고 닮은꼴'이라고 표현했다. '닮은꼴'임이 필요한 까닭은, 다음 법칙에서 평행면 입체들의 부피가 같음을 11권 정의 10으로부터 끌어내기 위해서이다. 그러니 이 법칙은 다음과 같이 표현하는 것이 좋다.

"만약 어떤 입체가 둘씩 둘씩 서로 평행한 여섯 개의 면들로 둘러싸여 있으면, 마주 보는 면들은 닮은꼴이며 같은 (합동인) 평행사변형들이다."

증명은 간단하니 따로 설명해 놓지 않겠다.

법칙 25

평행면 입체를 양 끝의 면들과 평행한 평면으로 잘랐다고 하자. 그러면 밑면과 밑면의 넓이 비율은 입체와 입체의 부피 비율과 같다.

증명 평행면 입체 ABRVHJDC를 평면 EGUF로 잘랐다고 하자. 그리고 이 평면은 양 끝의 면들 ABRV, HJDC와 평행하다고 하자. 그러면 밑면 AEFV와 밑면 EHCF의 넓이 비율은 입체 ABRVEGUF와 입체 EGUFHJDC의 부피 비율과 같음을 보여야 한다.

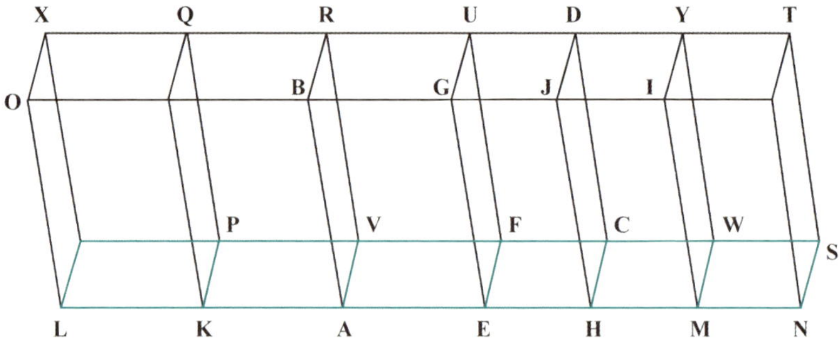

선분 AH를 양쪽으로 길게 늘여라. 몇 개라도 좋으니까 AE와 길이가 같도록 선분 AK, KL을 잡아라. 몇 개라도 좋으니까 EH와 길이가 같도록 선분 HM, MN을 잡아라. 그리고 평행사변형 LP, KV, HW, MS와 입체 LQ, KR, DM, MT를 만들어라.

그러면 선분 LK, KA, AE는 모두 길이가 같으니, 평행사변형 LP, KV, AF도 모두 넓이가 같고, 평행사변형 KO, KB, AG도 모두 넓이가 같다. 그리고 평행사변형 LX, KQ, AR도 모두 넓이가 같다. 왜냐 하면, 이들은 반대쪽에 있는 평면들이기 때문이다. [11권 법칙 24] 마찬가지 이유로 평행사변형 EC, HW, MS는 모두 넓이가 같고, 평행사변형 HG, HI, IN도 모두 넓이가 같고, 평행사변형 DH, MY, NT도 모두 넓이가 같다.

그러므로 입체 LQ, KR, AU에서 세 면들은 세 면들과 넓이가 같다. 그런데 세 면들은 마주 보는 세 면들과 넓이가 같다. 그러므로 세 입체 LQ, KR, AU는 모두 부피가 같다. 마찬가지 이유로 세 입체 ED, DM, MT도 모두 부피가 같다.

그러므로 밑면 LF의 넓이가 밑면 AF의 넓이의 몇 배이든, 입체 LU의 부피는 입체 AU의 부피에 대해 그와 같은 배수이다. 마찬가지 이유로 밑면 NF의 넓이가 밑면 FH의 넓이의 몇 배이든, 입체 NU의 부피는 입체 HU의 부피에 대해 그와 같은 배수이다.

만약 밑면 LF가 밑면 NF와 넓이가 같으면 입체 LU도 입체 NU와 부피와 같고, 만약 밑면 LF가 밑면 NF보다 넓이가 더 넓으면 입체 LU도 입체 NU보다 부피가 더 크고, 만약 더 좁으면 부피도 더 작다. 여기 네 개의 양들이 있다. 두 밑면 AF, FH, 그리고 두 입체 AU, UH. 밑면 AF와 입체 AU에다 같은 수를 곱해서 밑면 LF와 입체 LU를 얻었다. 그리고 밑면 HF와 입체 HU에다 또 어떤 같은 수를 곱해서 밑면 NF와 입체 NU를 얻었다.

그리고 밑면 LF가 밑면 FN보다 더 넓으면 입체 LU도 입체 NU보다 부피가 더 크고, 밑면의 넓이가 같으면 입체의 부피도 같고, 밑면이 더 좁으면 입체의 부피도 더 작음을 증명했다. 그러므로 밑면 AF와 밑면 FH의 넓이 비율은 입체 AU와 입체 UH의 부피 비율과 같다.

그러므로 이 법칙이 성립한다. □

해설 유클리드는 '평행면 입체'라는 말을 정의해 놓지 않았으면서 그냥 사용하고 있다. 글자 그대로 해석하면 평행한 면들로 둘러싸인 입체라는 말이지만, 유클리드가 뜻하는 것은, 여섯 개의 평행사변형으로 둘러싸여 있고, 마주 보는 평행사변형은 서로 합동이며 평행한 입체를 말한다.

여기 나오는 평행면 입체들은 마주 보는 면들이 서로 넓이가 같을 뿐만 아니라, 서로 합동이다. 유클리드는 평행면 입체들의 부피가 같음을 11권 정의 10으로부터 추론하고 있다. 그런데 우리가 정의 9, 10의 해설에서 보았듯이, 그 입체들의 입체각들이 모두 삼면각들이고, 같은 개수의 합동인 면들이 똑같이 배열되어서 두 입체를 만들고 있으니, 두 입체는 부피가 같으며 닮은꼴임이 (즉 합동) 사실이지만, 유클리드는 이것을 증명해 놓았어야 한다. 이것을 증명하려면, 우선 11권 법칙 21 해설에 나오는 다음 법칙을 증명해야 한다. “두 개의 삼면각이 있어서, 세 개의 평면각이 세 개의 평면각과 각각 크기가 같고, 그들이 배열된 순서가 일치하면, 그 두 삼면각은 서로 같다.”

그리고 나서, 심슨이 자신의 법칙 C에서 한 것처럼, 한 입체를 옮겨서 다른 입체에다 포개 놓아 둘이 일치함을 보이면 된다.

원래 입체의 곱으로 만든 입체들에 대해서, 유클리드는 다음을 가정하고 있다.

만약 LF><NF이면, 입체 LU><입체 NU이다.

이것도 포개 놓는 방법으로 증명할 수 있다.

법칙 26

어떤 직선에서 한 점을 잡았을 때, 주어진 입체각과 같은 입체각을 거기에다 만드시오.

증명 직선 AB에서 한 점 A를 잡았다고 하자. 그리고 평면각 EDC, EDF, FDC가 점 D에서 입체각을 만든다고 하자. 그러면 직선 AB

와 그 직선의 한 점 A에다, D에 있는 입체각과 같은 입체각을 만들어야 한다.

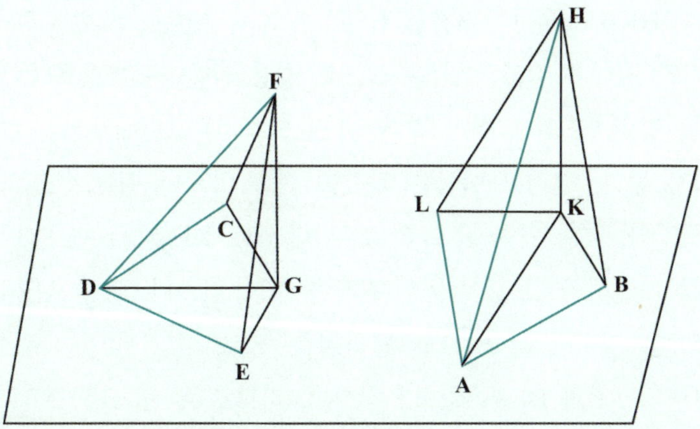

DF에서 아무 점이라도 좋으니 점 F를 잡아라. DE, DC를 포함하는 평면에 수직이 되도록 점 F에서 직선 FG를 그어라. [11권 법칙 11] 이것이 그 평면과 만나는 점을 G라고 하자. 선분 DG를 그어라. 직선 AB의 점 A에서 각 EDC와 크기가 같도록 각 BAL을 만들어라. [1권 법칙 23] 그리고 각 EDG와 크기가 같도록 각 BAK를 만들어라. AK의 길이가 DG의 길이와 같도록 잡아라. BA, AL을 포함하는 평면에 수직이 되도록 점 K에서 직선 KH를 그어라. [11권 법칙 12] KH의 길이가 GF의 길이와 같도록 잡아라. 선분 HA를 그어라. 그러면 평면각 BAL, BAH, HAL이 A에서 만드는 입체각은 평면각 EDC, EDF, FDC가 D에서 만드는 입체각과 같음을 보이겠다.

AB, DE의 길이가 같도록 잡아라. 그리고 선분 HB, KB, FE, GE를 그어라. 직선 FG는 그 평면과 수직이니, FG는 그 평면에 놓인 직선들 중에 FG와 만나는 모든 직선과 수직이다. [11권 정의 3] 그러므로 각 FGD, FGE는 둘 다 직각이다. 마찬가지 이유로 각 HKA, HKB도 둘 다 직각이다. 두 변 KA, AB는 두 변 GD, DE와 각각 길이가 같고, 이들은 크기가 같은 각을 끼고 있으니, 밑변 KB는 밑변 GE와 길이가 같다. [1권 법칙 4] 그런데 KH는 GF와 길이가 같다. 그리고 이들은 직각을 끼고 있으니, HB는 FE와 길이가 같다. [1권 법칙 4] 그리고 두 변 AK, KH는 두 변 DG, GF와 각각 길이가 같고, 이들은 직각을 끼고 있으니, 밑변 AH와 밑변 FD는 길이가 같다. [1권 법칙 4]

그런데 AB와 DE는 길이가 같다. 그러므로 두 변 HA, AB는 두 변 FD, DE와 각각 길이가 같다. 그리고 밑변 HB는 밑변 FE와 길이가 같다. 그러므로 각 BAH와 각 EDF는 크기가 같다. [1권 법칙 8] 마찬가지 이유로 각 HAL과 각 FDC는 크기가 같고, 각 BAL과 각 EDC도 크기가 같다. 그러므로 직선 AB의 한 점 A에다, D에 있는 주어진 입체각과 같은 입체각을 만들었다.

그러므로 이 법칙이 성립한다. □

해설 이 법칙에서도, 두 개의 삼면각을 만드는 세 개의 평면각들이 각각 크기가 같고, 배열된 순서가 일치하면, 두 삼면각이 서로 같음을 가정하고 있다.

법칙 27

어떤 선분과 어떤 평행면 입체를 주었을 때, 그 선분에다 주어진 평행면 입체와 닮은꼴 평행면 입체를 같은 방향에 만드시오.

증명 선분 AB와 평행면 입체 CD를 주었다고 하자. 선분 AB에다 주어진 평행면 입체 CD와 닮은꼴 평행면 입체를 같은 방향에 만들어야 한다.

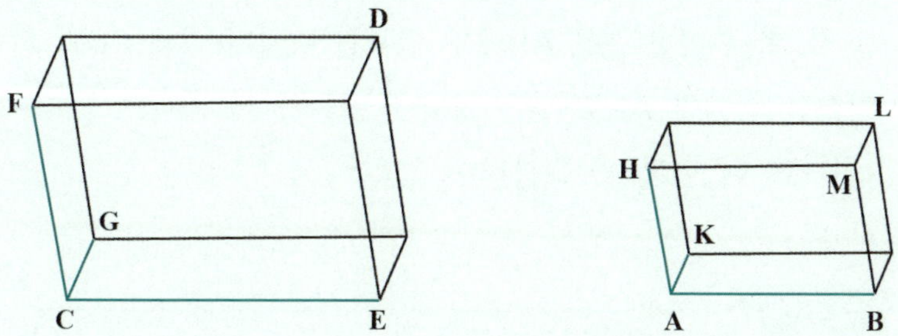

선분 AB의 점 A에다 각 BAH, HAK, KAB를 가지고 입체각을 만들어라. 이 입체각은 C에 있는 입체각과 같도록 만들어라. 바꿔 말하면, 각 BAH와 각 ECF가 크기가 같고, 각 BAK와 각 ECG가 크기가 같고, 각 KAH와 각 GCF가 크기가 같도록 해라. 그리고 EC와 CG의 비율이 BA와 AK의 비율과 같도록 하고, GC와 CF의 비율이 KA와 AH의 비율과 같도록 해라. [6권 법칙 12] 그러면 EC와 CF의 비율은 같은 위치에 있는 BA와 AH의 비율과 같다. [5권 법칙 22] 평행사변형 HB와 입체 AL을 완성하여라.

EC와 CG의 비율은 BA와 AK의 비율과 같으니, 같은 크기의 각 ECG, BAK를 끼고 있는 변들이 비례한다. 그러므로 평행사변형 GE와 평행사변형 KB는 닮은꼴이다. 마찬가지 이유로 평행사변형 KH와 평행사변형 GF는 닮은꼴이며, 평행사변형 FE와 평행사변형 HB는 닮은꼴이다. 그러므로 입체 CD의 세 평행사변형들과 입체 AL의 세 평행사변형들이 서로 닮은꼴들이다. 그런데 전자의 세 평행사변형들은 반대쪽에 있는 세 평행사변형들과 크기가 같고 닮은꼴들이며, 후자의 세 평행사변형들도 반대쪽에 있는 세 평행사변형들과 크기가 같고 닮은꼴들이다.

그러므로 입체 CD와 입체 AL은 서로 닮은꼴이다. [11권 정의 9] 그러므로 주어진 선분 AB에다 주어진 평행면 입체 CD와 닮은꼴 평행면 입체인 AL을 같은 방향에 만들었다.

그러므로 이 법칙이 성립한다. □

법칙 28

평행면 입체를 양쪽 면의 대각선들을 포함하는 평면으로 잘라라. 그러면 이 입체의 부피가 이등분된다.

증명 평행면 입체 AB가 있는데, 양쪽 면의 대각선 CF, DE를 포함하는 평면 CDEF로 이 입체를 잘라라. 그러면 평면 CDEF는 입체 AB를 부피가 같도록 둘로 자름을 보여야 한다.

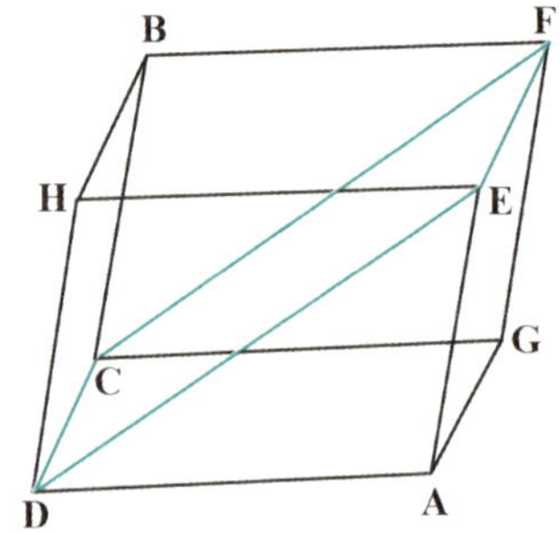

삼각형 CGF와 삼각형 CFB는 넓이가 같고, 삼각형 ADE와 삼각형 DEH도 넓이가 같다. [1권 법칙 34] 그런데 평행사변형 CDAG와 평행사변형 BHEF는 넓이가 같다. 왜냐 하면, 이들은 맞은편에 있는 것들이기 때문이다. 그리고 EAGF와 HDCB도 넓이가 같다.

그러므로 두 삼각형 CGF, ADE와 세 평행사변형 EAGF, CDAG, CDEF로 만든 각기둥은 두 삼각형 CFB, DEH와 세 평행사변형 HDCB, BHEF, CDEF로 만든 각기둥과 부피가 같다. 왜냐 하면, 이들은 같은 개수의 같은 넓이인 평면 도형들로 둘러싸여 있기 때문이다. [11권 정의 10] 그러므로 평면 CDEF는 입체 AB를 이등분한다.

그러므로 이 법칙이 성립한다. □

해설 마주 보는 두 면의 대각선을 지나는 평면을 잡기 이전에, 그 두 대각선이 실제로 한 평면에 놓여 있음을 보여야 한다고 심슨은 지적하였다. 클라비우스는 그것을 증명해 놓았는데, 물론 아주 간단하다. EF, CD는 둘 다 AG 또는 BH와 평행하다. 그러므로 EF, CD는 서로 평행하다.

따라서 CD, EF를 지나는 평면을 그릴 수 있으며, 대각선 DE, CF는 그 평면에 놓여 있다. [11권 법칙 7] 게다가 CD, EF는 길이도 같다. 그러므로 CF, DE도 길이가 같으며 평행하다.

그러나 심슨은 더 큰 문제점을 알아차리지 못 했던 것 같다. 유클리드는 두 개의 각기둥이 같은 면들로 둘러싸여 있음을 보였다. 사실 합동인 면들로 둘러싸여 있다. 그리고 나서, 유클리드는 이 두 각기둥이 서로 같다고 말했다. 그런데 '같다'는 말에 대해서 현재 우리가 갖고 있는 의미로는, 이 두 각기둥은 같지가 않다. 즉 한 입체를 움직여서 다른 입체의 위치에 놓아서, 둘이 완전히 일치하도록 할 수 없다. 이들을 만드는 면들이 서로 합동이기는 하지만, 면들이 배열된 순서가 다르기 때문이다. 따라서 이 두 각기둥은 서로 '대칭'이다. 그러니 이들은 합동은 아니지만, 부피가 같음을 보여야 한다. 르장드르의 표현을 빌리면, '서로 맞먹음'을 보여야 한다. 르장드르는 이 두 각기둥이 서로 맞먹음(부피가 같음)을 증명해 놓았다. 슐츠와 세베노악, 홀게이트도 르장드르의 방법을 채택하였지만, 그의 이름은 언급하지 않았다. 준비 단계로서, 다음의 법칙들이 필요하다.

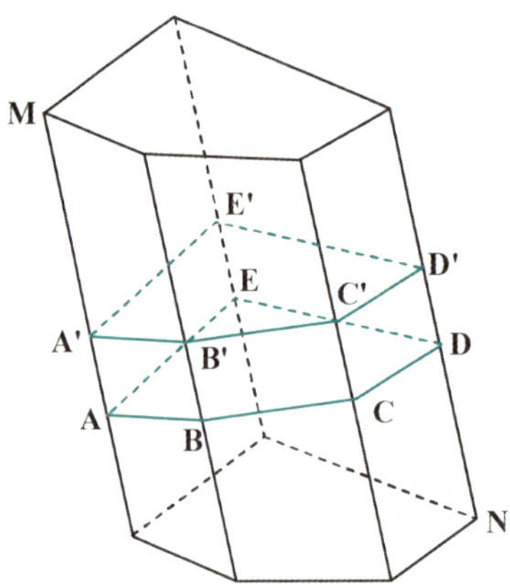

(1) "평행한 평면들이 각기둥의 옆의 모서리들을 모두 자르면, 이 때 생기는 단면들은 합동인 다각형들이다."

각기둥 MN을 평행한 평면들로 잘라서, 단면 ABCDE, A'B'C'D'E'가 생겼다고 하자. 그러면 AB, BC, CD, … 는 A'B', B'C', C'D', … 와 각각 평행하다. [11권 법칙 16] 그러므로 각 ABC, 각 BCD, … 는 각 A'B'C', 각 B'C'D', … 와 각각 크기가 같다. [11권 법칙 10] 그리고 AB, BC, CD, … 는 A'B', B'C', C'D', … 와 각각 길이가 같다. [1권 법칙 34]

그러므로 다각형 ABCDE와 다각형 A'B'C'D'E'는 변들의 길이가 같고 각들의 크기가 같다.

(2) "두 개의 각기둥이 있어서, 어느 한 입체각을 만드는 세 면

> 들이 모두 서로 합동이고 배열된 순서가 일치하면, 그 두 각기둥은 서로 합동이다.”

세 면 ABCDE, AG, AL이 세 면 A'B'C'D'E', A'G', A'L'과 각각 합동이고, 배열된 순서가 일치한다고 하자. 그러면 A, A'의 세 평면각들이 각각 크기가 같고, 배열된 순서가 일치하니, A의 삼면각은 A'의 삼면각과 같다. (11권 법칙 21 해설의 법칙 (3) 참조.)

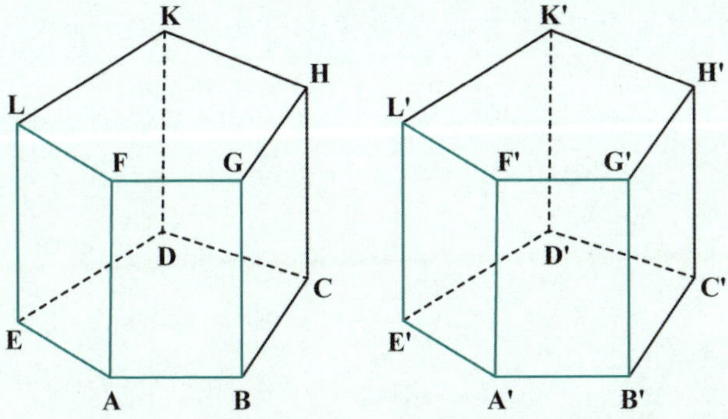

이 입체를 옮겨서, 삼면각 A가 삼면각 A'에 포개지도록 해라. 그러면 면 ABCDE는 면 A'B'C'D'E'에 포개지게 되고, 면 AG는 면 A'G'에 포개지게 되고, 면 AL은 면 A'L'에 포개지게 된다.

그러면 점 C는 점 C'에 놓이게 되고, 점 D는 점 D'에 놓이게 된다. 각기둥의 옆 모서리들은 서로 평행하니, CH는 C'H'에 포개지게 되고, DK는 D'K'에 포개지게 된다. 그리고 점 F는 점 F'에, 점 G는 점 G'에, 점 L은 점 L'에 각각 놓이니, 면 GK와 면 G'K'는 일치하게 된다. 그러므로 점 H는 점 H'에, 점 K는 점 K'에 각각 놓이게 된다. 그러므로 이 두 각기둥은 모든 곳에서 완전히 일치하게 된다. 마찬가지 방법으로, 각기둥을 잘라서 생긴 두 입체도, 어느 한 입체각을 만드는 세 면들이 모두 서로 합동이고 배열된 순서가 일치하면, 서로 합동임을 보일 수 있다. 그리고 이에 따라서 다음 법칙이 성립한다. “두 개의 수직 각기둥이 밑면이 같고 높이가 같으면, 이들은 부피가 같다.”

(3) “비스듬한 각기둥의 부피는, 각기둥의 옆의 모서리를 높이로 하고, 옆의 모서리에 직각이 되도록 자른 단면을 밑면으로 하는 수직 각기둥의 부피와 같다.”

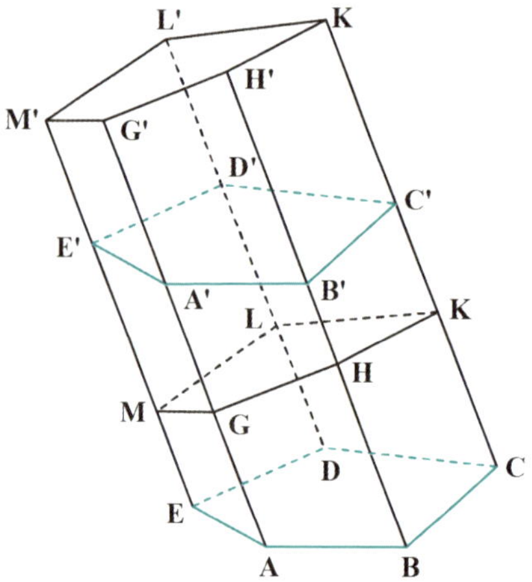

비스듬한 각기둥 AD'가 있는데, 옆 모서리에 직각이 되도록 자른 단면이 GL이라 하자. 그리고 밑면이 GL이고 높이가 비스듬한 각기둥 AD'의 옆 모서리와 같은 수직 각기둥을 GL'이라 하자.

그러면 수직 각기둥 GL'의 옆 모서리의 길이는 비스듬한 각기둥 AD'의 옆 모서리의 길이와 같다. 그러므로 AG = A'G', BH = B'H', CK = C'K', ⋯ .

그러므로 면들 AH, BK, CL, ⋯ 은 면들 A'H', B'K', C'L', ⋯ 과 각각 합동이다. 그러므로 앞의 법칙에 따라서,

자른 기둥 AL = 자른 기둥 A'L'

전체 입체 AL'에서 이것들을 각각 빼면, 각기둥 AD'와 각기둥

GL'은 서로 맞먹음(부피가 같음)을 알 수 있다.

이제 법칙 28에 나오는 유클리드의 평행면 입체를 AG, DF를 지나는 평면으로 자른다고 하자.

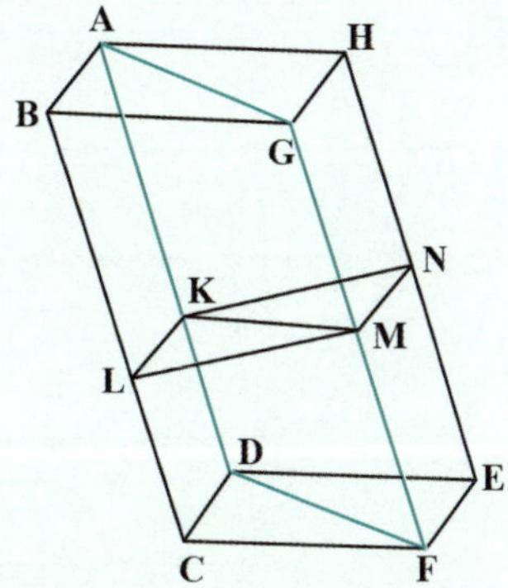

옆 모서리 AD, BC, GF, HE에 수직이 되도록 자른 단면이 KLMN이라 하자. 그러면 KLMN은 평행사변형이다. 대각선 KM을 그으면,

△KLM = △MNK

△ABG, △DCF를 밑면으로 가지는 각기둥은, △KLM을 밑면으로 가지고 높이가 AD인 수직 각기둥과 부피가 같다. [법칙 (3)]

마찬가지로, △AGH, △DFE를 밑면으로 가지는 각기둥은, △MNK를 밑면으로 가지고 높이가 AD인 수직 각기둥과 부피가 같다. [법칙 (3)] 그리고 △KLM, △MNK를 밑면으로 가지고 높이가 AD인 두 수직 각기둥은 부피가 같다. [(2)의 딸린 법칙]

그러므로 평행면 입체를 쪼개서 생긴 두 각기둥은 부피가 같다.

법칙 29

두 평행면 입체가 밑면이 같고 높이가 같다고 하자. 그리고 서 있는 변들의 끝점들이 같은 직선에 놓여 있다고 하자. 그러면 이 두 입체는 부피가 같다.

증명 두 평행면 입체 DCAFHBLM, ECAGKBLN이 밑면 CALB를 공

유하고 높이가 같다고 하자. 그리고 서 있는 변들 AG, AF, LM, LN, CD, CE, BH, BK의 끝점들이 같은 직선 FN, DK에 놓여 있다고 하자. 그러면 이 두 입체는 부피가 같음을 보여야 한다.

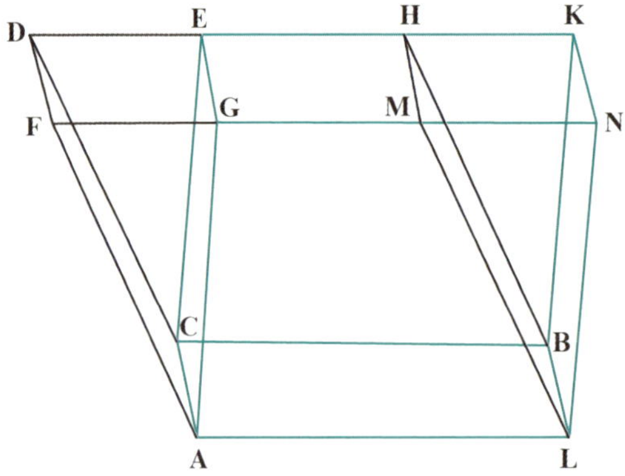

도형 DCBH, ECBK는 둘 다 평행사변형이니, 선분 CB는 두 선분 DH, EK와 길이가 같다. [1권 법칙 34] 그러므로 DH와 EK도 길이가 같다. 양쪽에서 EH를 빼라. 그러면 남는 것 DE는 남는 것 HK와 길이가 같다.

그러므로 삼각형 DCE와 삼각형 HBK는 넓이가 같으며 [1권 법칙 8, 1권 법칙 4], 평행사변형 DFGE와 평행사변형 HMNK는 넓이가 같다. [1권 법칙 36] 마찬가지 이유로 삼각형 AFG와 삼각형 LMN은 넓이가 같다. 그런데 평행사변형 DCAF와 평행사변형 HBLM은 넓이가 같고, 평행사변형 ECAG는 평행사변형 KBLN과 넓이가 같다. 왜냐 하면, 이들은 맞은편에 있기 때문이다. 그러므로 두 삼각형 AFG, DCE와 세 평행사변형 DCAF, DFGE, ECAG로 만든 각기둥은 두 삼각형 LMN, BHK와 세 평행사변형 HBLM, HMNK, KBLN으로 만든 각기둥과 부피가 같다.

이 두 도형에다 평행사변형 CALB를 밑면으로 하고 GEHM을 맞은쪽 면으로 하는 도형을 더해라. 그러면 평행면 입체 DCAFHBLM 전체는 평행면 입체 ECAGKBLN 전체와 부피가 같음을 알 수 있다.

그러므로 이 법칙이 성립한다. □

해설 늘 그렇듯이, 유클리드는 한 가지 경우만 다뤄 놓았으며, 나머지 두 경우는 독자들 손에 남겨 두었다. 나머지 두 경우란, 다음 그림이 보여 주는 경우를 말한다. 유클리드의 증명 과정을 약간만 바꾸면, 이 두 경우도 증명할 수 있다.

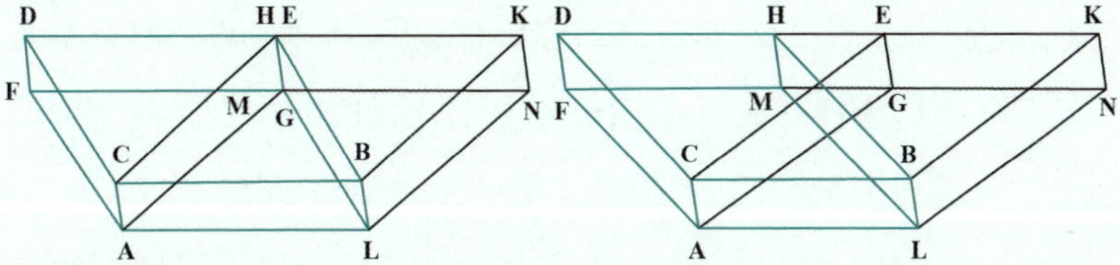

첫 번째 그림에서는, “평행사변형 CALB를 밑면으로 하고 GEHM을 맞은쪽 면으로 하는 입체”라는 말 대신에, “삼각형 GAL, 삼각형 ECB를 밑면으로 가지는 각기둥”이라는 말을 넣기만 하면 된다. 두 번째 그림에서는, 평행사변형 CALB를 밑면으로 하고 FDKN을 맞은쪽 면으로 하는 입체로부터, 부피가 같은 각기둥들을 차례차례 빼야 한다. 늘 그렇듯이, 심슨은 ‘어설픈 편찬가들’이 내용을 건드려 놓은 게 아닌가 의심하였다. 심슨은 평행사변형 CALB의 맞은편의 두 평행사변형이 한 변을 공유하는 경우를 생략하면 안 된다면서, 흥미로운 이유를 제시하였다. “이 경우는 법칙 28을 써서 바로 보일 수 있다. 법칙 28을 법칙 29 직전에 넣은 까닭이 이것이다.” 그렇지만 (우리가 이미 보았듯이) 유클리드는 법칙 28을 제대로 증명해 놓지 않았으며, 법칙 29의 이 경우를 증명하는 데 법칙 28을 사용할 필요는 전혀 없다. 이 경우에도 유클리드의 증명을 완벽하게 적용할 수 있기 때문이다.

법칙 30

두 평행면 입체가 밑면이 같고 높이가 같다고 하자. 그리고 서 있는 변들의 끝점들이 같은 직선에 놓여 있지 않다고 하자. 이 경우에도 이 두 입체는 부피가 같다.

증명 두 평행면 입체 MLAFHBCD, NLAGKBCE가 밑면 LACB를 공유하고 높이가 같다고 하자. 그리고 서 있는 변들 AF, AG, LM, LN, CD, CE, BH, BK의 끝점들은 같은 직선에 놓여 있지 않다고 하자. 이 경우에도 이 두 입체는 부피가 같음을 보여야 한다.

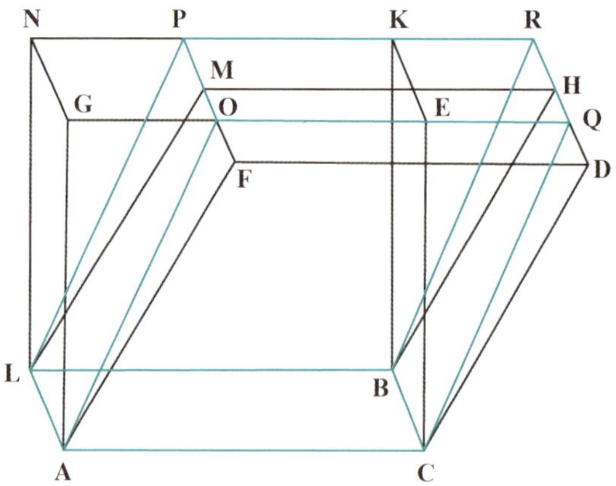

선분 NK, DH를 길게 늘여서 이들이 만나는 점을 R로 나타내자. 그리고 FM, GE를 길게 늘여서 각각 P, Q에 닿도록 하고, 선분 AO, LP, CQ, BR을 그어라. 그러면 입체 MLAFHBCD는 평행사변형 LACB가 밑면이고 MFDH가 맞은편 면인데, 이 입체는 입체 PLAORBCQ와 부피가 같다. 입체 PLAORBCQ는 평행사변형 LACB가 밑면이고 POQR이 맞은편 면이다. 왜냐 하면, 이 두 입체는 밑면 LACB를 공유하고 높이가 같으며, 서 있는 변들의 끝점들, 즉 AF, AO, LM, LP, CD, CQ, BH, BR의 끝점들이 같은 직선 FP, DR에 놓여 있기 때문이다.

[11권 법칙 29] 입체 PLAORBCQ는 평행사변형 LACB가 밑면이고 POQR이 맞은편 면이며, 입체 NLAGKBCE는 평행사변형 LACB가 밑면이고 NGEK가 맞은편 면인데, 이 두 입체는 부피가 같다. 왜냐 하면, 이 두 입체는 밑면 LACB를 공유하고 높이가 같으며, 서 있는 변들의 끝점들, 즉 AG, AO, CE, CQ, LN, LP, BK, BR의 끝점들이 같은 직선 GQ, NR에 놓여 있기 때문이다. 그러므로 입체 MLAFHBCD와 입체 NLAGKBCE는 부피가 같다.

그러므로 이 법칙이 성립한다. □

해설 법칙 30은 다음 법칙의 증명을 완결하고 있다.

"두 평행면 입체가 밑면이 같고 높이가 같으면, 이들은 부피가 같다."

르장드르는 다음과 같이 유용한 법칙을 끌어내었다.

"평행면 입체는 모양을 바꿔서, 밑면의 넓이가 같고 높이가 같으며 부피가 같은 직육면체로 만들 수 있다."

ABCD가 밑면이고 EFGH가 반대쪽 면인 평행면 입체를 주었다고 하자.

EFGH를 지나는 평면에 수직이 되도록 AI, BK, CL, DM을 긋되, 이들은 주어진 평행면 입체의 높이와 같도록 해라. 선분 IK, KL, LM, MI를 그으면, 우리는 새로운 평행면 입체 ABCDIKLM을 얻었다. 이것은 원래 평행면 입체와 부피가 같으며, 옆면 ABKI, BCLK, CDML, DAIM이 모두 직사각형이다. 만약 ABCD가 직사각형이 아니면, ABCD를 포함하는 평면에서, BC에 수직이 되도록 AO, DN을 긋고, IKLM을 포함하는 평면에서, KL에 수직이 되도록 IP,

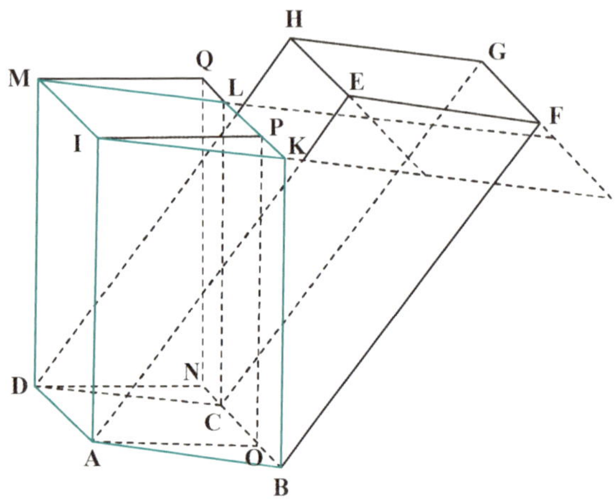

MQ를 그어라. 선분 OP, NQ를 그어라. 그러면 우리는 AOND를 밑면으로 가지는 직사각 평행면 입체(즉 직육면체)를 얻었으며, 이것은 평행면 입체 ABCDIKLM과 부피가 같다. 이들은 밑면이 ADMI로 같고 높이가 AO로 같은 평행면 입체들이라고 간주해도 되기 때문이다. 즉 직육면체인 평행면 입체를 작도하였으며, 이것은 원래 주어진 평행면 입체와 비교해서, (1) 높이가 같고, (2) 밑면의 넓이가 같으며, 부피가 같다.

내가 앞에서 인용한 바 있는 미국 교과서들은 달리 작도해 놓았다. 다음과 같이 나타낼 수 있다.

주어진 평행면 입체의 모서리 AB, DC, EF, HG를 길게 늘이고, 평행한 두 평면을 가지고 이들을 수직으로 자르되, 평행한 두 평면 사이의 거리가 AB와 같은 A'B'라 하자. 그러면 새로운 평행면 입체 A'B'C'D'E'F'G'H'가 생기는데, 이것은 A'D'H'E', B'C'G'F'를 제외한 나머지 면들이 모두 직사각형이다.

이제 D'A', C'B', G'F', H'E'를 길게 늘이고, 평행한 두 평면을 가지고 이들을 수직으로 자르되, 평행한 두 평면 사이의 거리가 B'C'

와 같은 B"C"라 하자. 그러면 그 교점들은 직육면체를 결정한다.

이 세 개의 평행면 입체들의 부피가 같음은, 11권 법칙 29, 30을 써서 증명하는 대신에, 11권 법칙 28의 해설에 나오는 법칙 (3)을 써서 증명해 놓았다.

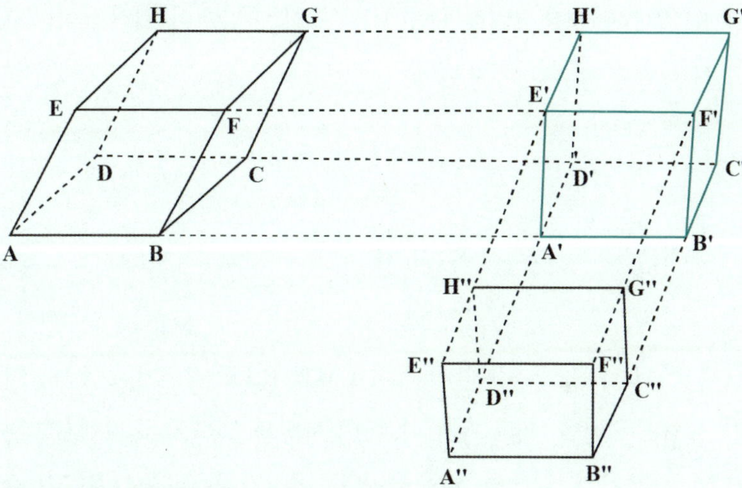

법칙 31

밑면의 넓이가 같고 높이가 같은 평행면 입체들은 부피가 같다.

증명 두 평행면 입체 HAGKBLME, PCOQDRSF가 높이가 같고 밑면 HALB, PCRD의 넓이가 같다고 하자. 그러면 이 두 입체는 부피가 같음을 보여야 한다.

우선, 서 있는 변들 HK, BE, AG, LM, PQ, DF, CO, RS가 밑면 HALB, PCRD와 수직이라고 하자. 선분 CR을 길게 늘여서 RT를 그어라. 각 ALB와 크기가 같도록 각 TRU를 만들어라. [1권 법칙 23] RT의 길이가 AL의 길이와 같도록 잡고, RU의 길이가 LB의 길이와 같도록 잡아라. 그리고 밑면 RUWT와 입체 RUdSTWVX를 완성하여라. 두 변 TR, RU는 두 변 AL, LB와 각각 길이가 같고, 이들은 크기가 같은 각들을 끼고 있으니, 평행사변형 RUWT와 평행사변형 HALB는 크기가 같으며 닮은꼴이다.

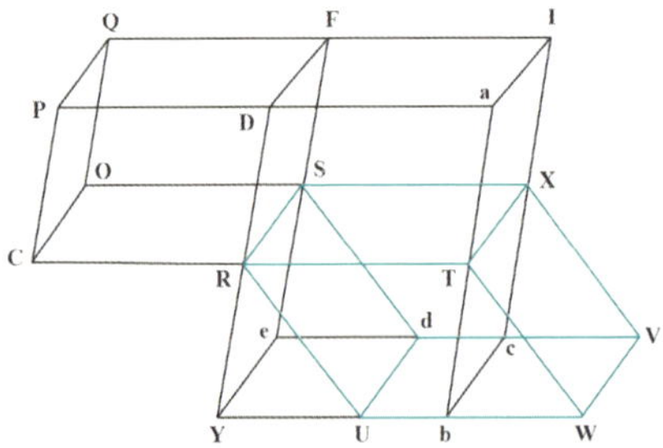

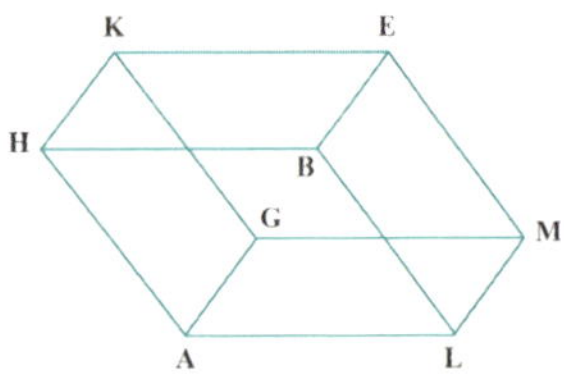

그리고 AL과 RT는 길이가 같고, LM과 RS도 길이가 같으며, 이들이 둘 다 직각을 끼고 있으니, 평행사변형 SRTX와 평행사변형 GALM은 크기가 같으며 닮은꼴이다. 마찬가지 이유로 BLME와 RUdS는 크기가 같으며 닮은꼴이다. 그러므로 입체 HAGKBLME의 세 평행사변형들은 입체 RUdSTWVX의 세 평행사변형들과 크기가 같으며 닮은꼴들이다. 그런데 전자의 세 평행사변형들은 맞은편에 있는 세 평행사변형들과 크기가 같으며 닮은꼴들이고, 후자의 세 평행사변형들도 맞은편에 있는 세 평행사변형들과 크기가 같으며 닮은꼴들이다. [11권 법칙 24] 그러므로 평행면 입체 HAGKBLME와 평행면 입체 RUdSTWVX는 부피가 같다. [11권 정의 10] 선분 DR, WU를 길게 늘여서 이들이 만나는 점을 Y로 나타내자. DY에 평행하도록 점 T를 지나는 선분 aTb를 그어라. 그리고 PD를 길게 늘여서 a에 닿도록 해라. 입체 RYeSTbcX,

DRSFaTXI를 완성하여라.

그러면 입체 RYeSTbcX와 입체 RUdSTWVX는 부피가 같다. 왜냐 하면, 전자의 밑면은 평행사변형 SRTX이고 eYbc가 맞은편 면인데, 후자의 밑면은 평행사변형 SRTX이고 dUWV가 맞은편 면이니, 이들은 밑면 SRTX를 공통으로 가지며 높이가 같다. 그리고 서 있는 변들의 끝점들, 즉 RY, RU, Tb, TW, Se, Sd, Xc, XV의 끝점들은 같은 선분 YW, eV에 놓여 있다. [11권 법칙 29]

그런데 입체 RUdSTWVX는 입체 HAGKBLME와 부피가 같다. 그러므로 입체 RYeSTbcX도 입체 HAGKBLME와 부피가 같다.

그리고 평행사변형 RUWT는 평행사변형 RYbT와 넓이가 같다. 왜냐 하면, 이들의 밑변은 RT로서 공통이며 두 평행선 RT, YW 사이에 놓여 있기 때문이다. [1권 법칙 35] 그런데 RUWT는 PCRD와 넓이가 같다. 왜냐 하면, 이들은 HALB와 넓이가 같기 때문이다. 그러므로 평행사변형 RYbT도 PCRD와 넓이가 같다.

그런데 DRTa는 또 다른 평행사변형이다. 그러므로 PCRD와 DRTa의 넓이 비율은 RYbT와 DRTa의 넓이 비율과 같다. [5권 법칙 7] 평행면 입체 PCOQaTXI를 평면 DRSF로 잘랐는데, 이 평면은 이 입체의 양쪽 면들과 평행하니, 밑면 PCRD와 밑면 DRTa의 넓이 비율은 입체 PCOQDRSF와 입체 DRSFaTXI의 부피 비율과 같다. [11권 법칙 25] 마찬가지로, 평행면 입체 DYeFabcI를 평면 SRTX로 잘랐는데, 이 평면은 이 입체의 양쪽 면들과 평행하니, 밑면 RYbT와 DRTa의 넓이 비율은 입체 RYeSTbcX와 입체 DRSFaTXI의 부피 비율과 같다. [11권 법칙 25]

그런데 PCRD와 DRTa의 넓이 비율은 RYbT와 DRTa의 넓이 비율과 같다. 그러므로 입체 PCOQDRSF와 입체 DRSFaTXI의 부피 비율은 입체 RYeSTbcX와 입체 DRSFaTXI의 부피 비율과 같다. [5권 법칙 11] 그러므로 두 입체 PCOQDRSF, RYeSTbcX는 입체 DRSFaTXI에 대해서 같은 비율을 가진다.

그러므로 입체 PCOQDRSF와 입체 RYeSTbcX는 부피가 같다. [5권 법칙 9] 그런데 RYeSTbcX와 HAGKBLME는 부피가 같음을 보였다. 그러므로 HAGKBLME와 PCOQDRSF는 부피가 같다.

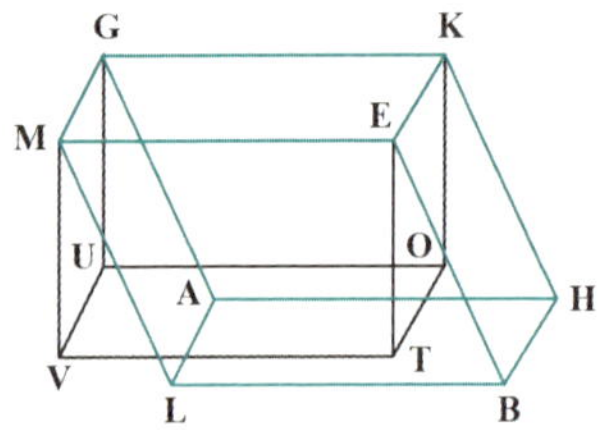

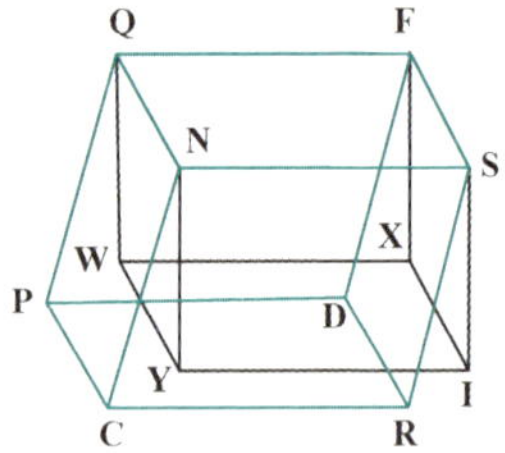

그 다음, 서 있는 변들 AG, HK, BE, LM, CN, PQ, DF, RS가 밑면 ALBH, PCRD와 수직이 아니라고 하자. 이 경우에도 입체 GMLAKEBH와 입체 QNCPFSRD의 부피가 같음을 보이겠다.

점 K, E, G, M, Q, F, N, S에서 밑면에 수직이 되도록 선분 KO, ET, GU, MV, QW, FX, NY, SI를 그어라. 이들이 맞은편 면과 만나는 점을 O, T, U, V, W, X, Y, I로 나타내자. 그리고 선분 OT, OU, UV, TV, WX, WY, YI, IX를 그어라. 그러면 입체 GMVUETOK와 입체 QNYWFSIX는 부피가 같다. 왜냐 하면, 이들의 밑면 GMEK, QNSF는 넓이가 같고, 이들은 높이가 같으며, 이들의 변들은 밑면과 수직이기 때문이다. [이 법칙의 앞부분]

그런데 입체 GMVUETOK는 입체 GMLAKEBH와 부피가 같으며, 입체 QNYWFSIX는 입체 QNCPFSRD와 부피가 같다. 왜냐하면, 이들은 밑면을 공유하고 있으며 높이가 같고, 변들의 끝점들은 같은 선분에 놓이지 않는다. [11권 법칙 30] 그러므로 입체 GMLAKEBH와 입체 QNCPFSRD는 부피가 같다.

그러므로 이 법칙이 성립한다. □

해설 이 법칙의 그림에서는, 밑면이 '종이의 평면'에 놓여 있고, 제 삼의 차원이 그 평면으로부터 '서 있는' 것으로 그려 놓았다. 이 그림은 필사본에 나오는 그림인데, 입체 AE의 모양은 약간 고쳐 놓았다.

유클리드는 이 법칙을 아주 교묘하게 증명해 놓았다. 1권의 멋진 법칙 44와 6권 법칙 14, 법칙 23의 교묘한 증명들이 생각난다.

유클리드의 증명 과정은 너무 길다. 그러니 알기 쉽도록 요약해서 여기에 써 놓겠다.

(1) 우선, 옆 모서리들과 밑면이 서로 '수직'이라고 하자.

AHBL, CPDR이 밑면들이다. 유클리드는 입체 AE와 합동인 입체를 작도하여서(단순히 입체 AE를 옮겨도 된다), HK에 대응하는 변이 RS에 놓이고(두 평행면 입체의 높이가 같기 때문에, RS = HK), HBEK에 대응하는 면인 RTXS가 CRSO평면에 놓이도록 만들었다. 그러면 CRDP, RUWT는 같은 평면에 놓인다. 왜냐 하면, 이들은 둘 다 RS에 수직이기 때문이다. 그러므로 DR, WU를 길게 늘이면, 만나게 된다. 그 교점을 Y라 하자. 평행사변형 YbTR, DRTa를 완성하여라. 그리고 평행면 입체 RYeSTbcX, DRSFaTXI를 완성하여라. 그러면 평행면 입체 YX와 평행면 입체 UX는 부피가 같다. 왜냐 하면, 이들은 밑면 SRTX를 공유하고 있고, 높이가 같기 때문이다. [11권 법칙 29] 그리고 평행면 입체 CI, YI를 양쪽 면에 평행한 평면 RF, RX로 각각 잘랐으니,

입체 CF : 입체 RI = □ CD : □ DT [11권 법칙 25]

입체 YX : 입체 RI = □ YT : □ DT

그런데 1권 법칙 35에 따라서,

□ YT = □ UT = □ AB

그리고 가정에 따라서, □ AB = □ CD

그러므로 입체 CF = 입체 YX

= 입체 UX

= 입체 AE

(2) 만약 옆 모서리들이 밑면에 수직이 아니면, 평행면 입체들의 모양을 바꿔서, 부피가 같고 밑면이 같으며 옆 모서리들이 수직이 되도록 만들어라. (밑면의 네 꼭짓점에서 반대쪽 면으로 네 개의 수직선을 그으면 된다. 11권 법칙 29, 30은 이것과 동등한 것을 보이고 있다.) 그러면 (1)에 따라서 새로운 평행면 입체들은 부피가 같으니, 원래 평행면 입체들도 서로 부피가 같다.

심슨은 두 입체의 밑면이 각들의 크기가 같은 경우를 유클리드가 다루어 놓지 않았다면서, 그런 경우를 우선 다루어 놓았다. 하지만 이건 불필요하다. (1)이 그 경우도 충분히 다루고 있다. 유일한 차이라면, 그림에서 UW가 Yb와 일치하게 되고, dV가 ec와 일치하게 된다. 심슨은 (2)에서 작도해 만든 새로운 입체들이 평행면 입체들임을 증명해 놓지 않았다고 지적했다. 그러나 그건 아주 간

단하니 굳이 써 놓을 필요가 없다. 그리고 심슨은 증명 맨 뒷부분의 “변들의 끝점들은 같은 직선에 놓이지 않는다.”는 말은 없애는 편이 낫다고 지적하였다. 어쩌면 같은 직선에 놓일 지도 모르기 때문이다. 이 지적은 옳다.

법칙 32

높이가 같은 평행면 입체들의 부피 비율은 그들의 밑면들의 넓이 비율과 같다.

증명 두 평행면 입체 AB, CD가 높이가 같다고 하자. 그러면 평행면 입체 AB, CD의 부피 비율은 이들의 밑면들의 넓이 비율과 같음을 보여야 한다. 즉 밑면 AE와 밑면 CF의 넓이 비율이 입체 AB와 입체 CD의 부피 비율과 같음을 보여야 한다.

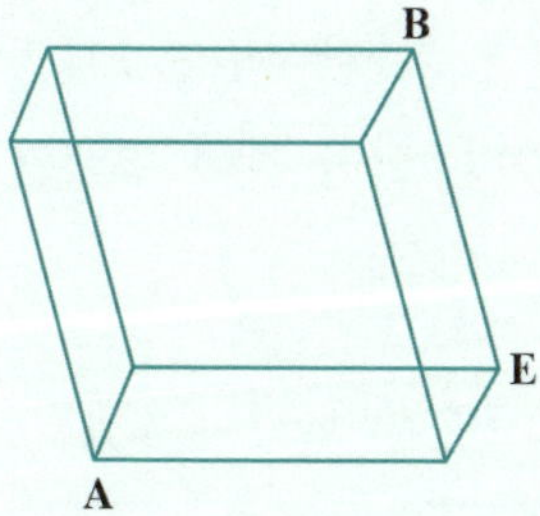

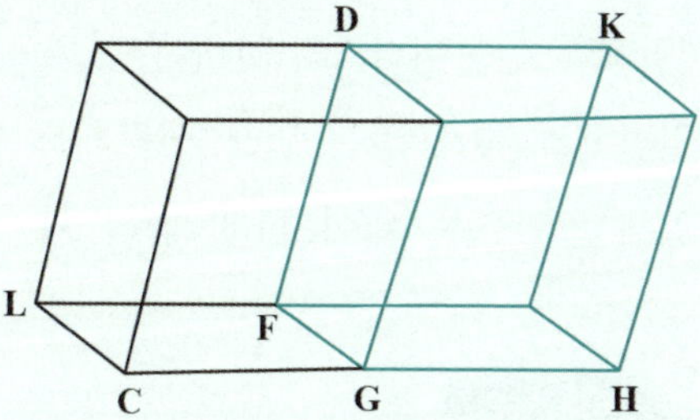

평행사변형 FH의 넓이가 AE의 넓이와 같도록 잡아서 FG에다 붙여라. [1권 법칙 45] 평행사변형 FH를 밑면으로 해서, 입체 CD와 높이가 같도록, 평행면 입체 GK를 만들어라. 그러면 입체 AB와 입체 GK는 부피가 같다. 왜냐 하면, 이들의 밑면 AE와 FH의 넓이가 같고 높이도 같기 때문이다. [11권 법칙 31] 평행면 입체 CK를 평면 DG가 자르는데, 이 평면은 이 입체의 양쪽 면들과 평행하니, 밑면 CF와 밑면 FH의 넓이 비율은 입체 CD와 입체 DH의 부피 비율과 같다. [11권 법칙 25] 그런데 밑면 FH는 밑면 AE와 넓이가 같고, 입체 GK는 입체 AB와 부피가 같다. 그러므로 밑면 AE와 밑면 CF의 넓이 비율은 입체 AB와 입체 CD의 부피 비율과 같다.

그러므로 이 법칙이 성립한다. □

해설 클라비우스가 지적하였듯이, 유클리드는 평행사변형 FH를 FG에다 붙일 때, "각 FGH가 각 LCG와 크기가 같도록" 붙이라는 말을 넣었어야 했다. 심슨은 유클리드가 입체 GK를 만들라고 말할 때, "평행사변형 FH를 밑면으로 해서, FD가 옆 모서리가 되도록, 평행면 입체 GK를 만들어라."고 말해야 했다고 주장했다. 하지만 이건 지나치게 비판적인 것 같다. 두 개의 면 DG, FH를 주었으니, "입체를 만들어라."고 말하는 것으로 충분하다. "평행사변형 FH를 밑면으로 해서"라는 말도 생략해도 될 것 같다. 이와 같이 평행면 입체를 만드는 일이 11권 법칙 31, 33에도 나온다.

법칙 33

닮은꼴 평행면 입체들의 부피 비율은 대응하는 변들의 길이 비율의 세 겹이다.

증명 AB, CD가 닮은꼴 평행면 입체들이라고 하자. 그리고 변 AE와 변 CF가 대응한다고 하자. 그러면 입체 AB와 입체 CD의 부피 비율은 AE와 CF의 길이 비율의 세 겹임을 보여야 한다.

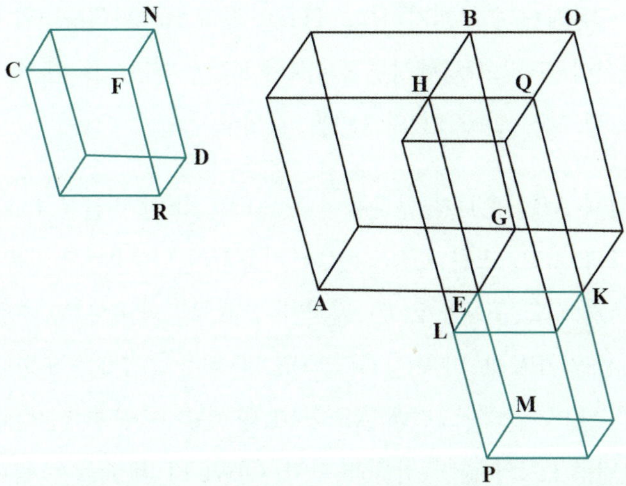

선분 AE, GE, HE를 길게 늘여서 선분 EK, EL, EM을 그어라. EK의 길이가 CF의 길이와 같도록 잡고, EL의 길이가 FN의 길이와 같도록 잡고, EM의 길이가 FR의 길이와 같도록 잡아라. 그리고 평행사변형 KL과 입체 KP를 완성하여라. 두 변 KE, EL은 두 변 CF, FN과 길이가 같고, 각 KEL은 각 CFN과 크기가 같다. 왜냐 하면, 입체 AB와 입체 CD가 닮은꼴이니 각 AEG와 각 CFN의 크기가 같기 때문이다. 그러므로 평행사변형 KL과 평행사변형 CN은 닮은꼴이며 크기가 같다. 마찬가지 이유로 평행사변형 KM과 평행사변형 CR은 닮은꼴이며 크기가 같고, 평행사변형 EP와 평행사변형 DF도 닮은꼴이며 크기가 같다. 그러므로 입체 KP의 세 평행사변형들은 입체 CD의 세 평행사변형들과 닮은꼴이며 크기가 같다. 그런데 전자의 세 평행사변형들은 맞은편 면들과 닮은꼴이며 크기가 같고, 후자의 세 평행사변형들도 맞은편 면들과 닮은꼴이며 크기가 같다. [11권 법칙 24] 그러므로 입체 KP와 입체

CD는 닮은꼴이며 부피가 같다. [11권 정의 10] 평행사변형 GK를 완성하여라. 그리고 평행사변형 GK와 KL을 밑면으로 해서, AB와 높이가 같도록, 입체 EO와 LQ를 완성하여라.

두 입체 AB와 CD가 닮은꼴이니, AE와 CF의 비율은 EG와 FN의 비율과 같고, 또한 EH와 FR의 비율과 같다. 그런데 CF와 EK는 길이가 같고, FN과 EL은 길이가 같고, FR과 EM은 길이가 같으니, AE와 EK의 비율은 GE와 EL의 비율과 같고, 또한 HE와 EM의 비율과 같다. 그런데 AE와 EK의 비율은 평행사변형 AG와 평행사변형 GK의 넓이 비율과 같고, GE와 EL의 비율은 평행사변형 GK와 평행사변형 KL의 넓이 비율과 같고, HE와 EM의 비율은 평행사변형 QE와 평행사변형 KM의 넓이 비율과 같다. [6권 법칙 1] 그러므로 평행사변형 AG와 평행사변형 GK의 넓이 비율은 평행사변형 GK와 평행사변형 KL의 넓이 비율과 같고, 또한 평행사변형 QE와 평행사변형 KM의 넓이 비율과 같다.

그런데 평행사변형 AG와 평행사변형 GK의 넓이 비율은 입체 AB와 입체 EO의 부피 비율과 같고, 평행사변형 GK와 평행사변형 KL의 넓이 비율은 입체 OE와 입체 QL의 부피 비율과 같고, 평행사변형 QE와 평행사변형 KM의 넓이 비율은 입체 QL과 입체 KP의 부피 비율과 같다. [11권 법칙 32] 그러므로 입체 AB와 입체 EO의 부피 비율은 입체 EO와 입체 QL의 부피 비율과 같고, 또한 입체 QL과 입체 KP의 부피 비율과 같다.

이네 개의 양들이 있는데, 이것들을 차례차례 구한 비율이 같으면, 첫째와 넷째의 비율은 첫째와 둘째의 비율의 세 겹이다. [5권 정의 10] 그러므로 입체 AB와 입체 KP의 부피 비율은 입체 AB와 입체 EO의 부피 비율의 세 겹이다. 그런데 입체 AB와 입체 EO의 부피 비율은 평행사변형 AG와 평행사변형 GK의 넓이 비율과 같고, 또한 선분 AE와 선분 EK의 길이 비율과 같다. [6권 법칙 1] 그러므로 입체 AB와 입체 KP의 부피 비율은 AE와 EK의 비율의 세 겹이다. 그런데 입체 KP는 입체 CD와 부피가 같고, 선분 EK는 선분 CF와 길이가 같다. 그러므로 입체 AB와 입체 CD의 부피 비율은 대응하는 변들인 AE와 CF의 길이 비율의 세 겹이다.

그러므로 이 법칙이 성립한다. □

해설 유클리드의 증명을 요약하면 다음과 같다. 평행면 입체 AB의 세 변 AE, GE, HE가 한 점 E에서 만나는데, 다른 평행면 입체 CD의 점 R이 이것에 대응한다. 세 변 AE, GE, HE를 길게 늘여서, EK, EL, EM의 길이가 다른 입체 CD의 변들인 CF, FN, FR과 각각 같도록 잡아라.

그리고 그림처럼 평행사변형들과 평행면 입체들을 만들어라.

유클리드는 우선 입체 CD와 새로운 입체 PK가 11권 정의 10의 닮은꼴이며 같다는 조건을 만족함을 보인다. 즉 이들은 같은 개수의, 넓이가 같고 닮은꼴인 도형(합동인 도형)들로 둘러싸여 있다. (그것들은 같은 순서로 배열되어 있다. 대응하는 한 쌍의 입체각들이 서로 같음을 보인 다음, 한 입체를 옮겨서 다른 입체의 위치에 놓으면, 이 두 입체가 서로 합동임을 쉽게 보일 수 있다.)

이제 가정에 따라서,

AE : CF = EG : FN = EH : FR

즉 AE : EK = EG : EL = EH : EM

그런데 AE : EK = □ AG : □ GK[6권 법칙 1]

EG : EL = □ GK : □ KL

EH : EM = □ HK : □ KM

그리고 11권 법칙 25 또는 32에 따라서,

□ AG : □ GK = 입체 AB : 입체 EO

□ GK : □ KL = 입체 EO : 입체 QL

□ HK : □ KM = 입체 QL : 입체 KP

그러므로

입체 AB : 입체 EO = 입체 EO : 입체 QL = 입체 QL : 입체 KP

바꿔 말하면, 입체 AB와 입체 KP(즉 입체 CD)의 부피 비율은 입체 AB와 입체 EO의 부피 비율의 세 겹이다. 즉 AE와 EK(즉 CF)의 길이 비율의 세 겹(세제곱)이다.

심슨은 법칙 D라는 이름으로 유용한 법칙을 덧붙여 놓았다. 6권 법칙 19, 20을 뒤따라 법칙 23이 나오는 것과 유사하며, 지금 이 위치에 이런 법칙이 나올 법하다.

"두 개의 평행면 입체가 있어서, 대응하는 각들이 서로 크기가 같으면, 그들의 부피 비율은 대응하는 변들 사이의 길이 비율을 결합한(곱한) 것과 같다."

11권 법칙 33을 증명한 것과 같은 방법으로 증명할 수 있다. 앞의 그림을 이용하여 설명하겠다.

6권 법칙 23의 방법처럼, 변들 사이 길이 비율을 결합한 것을 선분들을 써서 나타내기 위해서, 우선 어떤 선분 a를 잡고, 다음 비례식들을 만족하도록 선분 b, c, d를 차례차례 잡아라.

$$\mathrm{AE} : \mathrm{CF} = a : b$$

$$\mathrm{EG} : \mathrm{FN} = b : c$$

$$\mathrm{EH} : \mathrm{FR} = c : d$$

그러면 비율 $a : d$는 변들 사이의 길이 비율을 결합한 (곱한) 것을 나타낸다.

앞에서와 마찬가지로,

$$\text{입체 AB} : \text{입체 EO} = \square\,\mathrm{AG} : \square\,\mathrm{GK} = \mathrm{AE} : \mathrm{EK}$$

$$= \mathrm{AE} : \mathrm{CF} = a : b$$

$$\text{입체 EO} : \text{입체 QL} = \square\,\mathrm{GK} : \square\,\mathrm{KL} = \mathrm{EG} : \mathrm{EL}$$

$$= \mathrm{EG} : \mathrm{FN} = b : c$$

$$\text{입체 QL} : \text{입체 KP} = \square\,\mathrm{HK} : \square\,\mathrm{KM} = \mathrm{EH} : \mathrm{EM}$$

$$= \mathrm{EH} : \mathrm{FR} = c : d$$

그러므로 비율들을 결합하면 [5권 법칙 22],

$$\text{입체 AB} : \text{입체 KP} = a : d$$

즉

$$\text{입체 AB} : \text{입체 CD} = a : d$$

딸린 법칙

이네 선분들이 차례차례 비례하면, 첫째와 넷째의 비율은 첫째 선분과 둘째 선분에 닮은꼴 평행면 입체들을 붙여 놓았을 때 그들의 부피 비율과 같다. 첫째와 넷째의 비율은 첫째와 둘째의 비율의 세 겹이기 때문이다.

해설 하이베르그는 이 딸린 법칙이 과연 유클리드의 것인지 의심하였다.

법칙 34

평행면 입체들이 부피가 같으면, 밑면의 넓이는 높이에 역으로 비례한다. 그리고 밑면의 넓이가 높이에 역으로 비례하는 평행면 입체들은 부피가 같다.

증명 두 평행면 입체 AB, CD의 부피가 같다고 하자. 그러면 평행면 입체 AB, CD의 밑면들의 넓이는 높이에 역으로 비례함을 보여야 한다. 즉 밑면 EH와 밑면 NQ의 넓이의 비율은 입체 CD의 높이와 입체 AB의 높이의 비율과 같음을 보여야 한다. 우선, 변들이 수직으로 서 있다고 하자. 바꿔 말하면 AG, EF, LB, HK, CM, NO, PD, QR이 밑면에 대해 수직으로 서 있다고 하자. 그러면 밑면 EH와 밑면 NQ의 넓이 비율은 CM과 AG의 비율과 같음을 보이겠다. 만약 밑면 EH와 밑면 NQ의 넓이가 같으면, 입체 AB와 입체 CD의 부피도 같으니, CM과 AG는 길이가 같다. 왜냐 하면, 높이가 같은 평행면 입체들은 부피 비율이 밑면의 넓이 비율과 같으니 [11권 법칙 32], 밑면 EH와 밑면 NQ의 넓이 비율은 CM과 AG의 비율과 같다. 그러므로 평행면 입체 AB, CD의 밑면들의 넓이는 높이에 역으로 비례함이 명백하다.

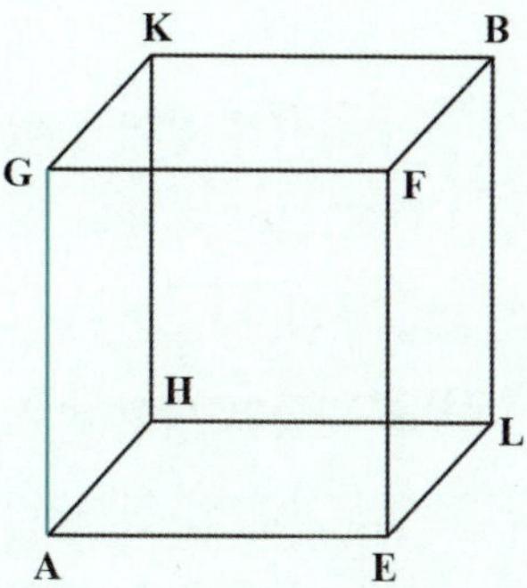

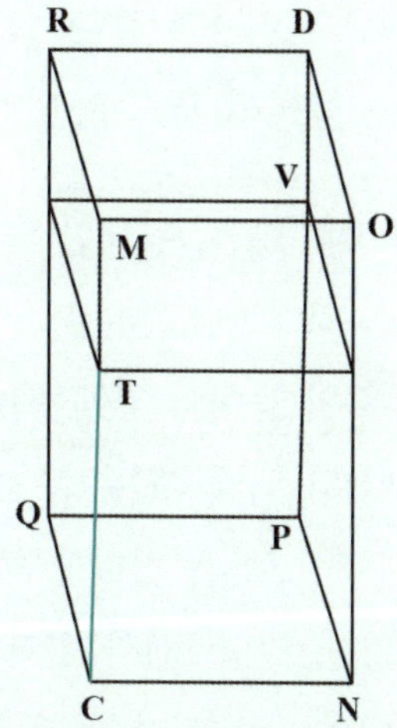

이제 밑면 EH와 밑면 NQ의 넓이가 같지 않고 EH가 더 넓다고 하자. 입체 AB와 입체 CD의 부피가 같으니, CM은 AG보다 더 길다. CT의 길이가 AG의 길이와 같도록 잡아라. 그리고 NQ를 밑면으로, CT를 높이로 해서 평행면 입체 CV를 만들어라. 입체 AB와 입체 CD는 부피가 같고, 입체 CV는 이들과 다르다. 같은 것들은 같은 비율을 가지니 [5권 법칙 7], 입체 AB와 입체 CV의 부피 비율은 입체 CD와 입체 CV의 부피 비율과 같다. 그런데 입체 AB와 입체 CV의 부피 비율은 밑면 EH와 밑면 NQ의 넓이 비율과 같다. 왜냐 하면, 두 입체 AB, CV는 높이가 같기 때문이다. [11권 법칙 32] 그리고 입체 CD와 입체 CV의 부피 비율은 밑면 MQ와 밑면 TQ의 넓이 비율과 같고 [11권 법칙 25], 또한 CM과 CT의 길이 비율과 같다. [6권 법칙 1] 그러므로 밑면 EH와 밑면 NQ의 넓이 비율은 MC와 CT의 길이 비율과 같다. 그런데 CT는 AG와 길이가 같다. 그러므로 밑면 EH와 밑면 NQ의 넓이 비율은 MC와 AG의 비율과 같다. 그러므로 평행면 입체 AB, CD의 밑면의 넓이는 높이에 역으로 비례한다.

이번에는, 평행면 입체 AB, CD의 밑면들의 넓이가 높이에 역으로 비례한다고 하자. 즉 밑면 EH와 밑면 NQ의 넓이 비율이 입체 CD의 높이와 입체 AB의 높이의 비율과 같다고 하자. 그러면 입체 AB와 입체 CD는 부피가 같음을 보여야 한다. 변들이 밑면에 대해 수직으로 서 있다고 하자. 만약 밑면 EH와 밑면 NQ의 넓이가 같으면, 밑면 EH와 밑면 NQ의 넓이 비율이 입체 CD의 높이와 입체 AB의 높이의 비율과 같으니, 입체 CD의 높이와 입체 AB의 높이는 같다. 그런데 밑면의 넓이가 같고 높이가 같은 평행면 입체들은 부피가 같다. [11권 법칙 31] 그러므로 입체 AB와 입체 CD는 부피가 같다.

이제 밑면 EH와 밑면 NQ의 넓이가 같지 않고 EH가 더 넓다고 하자. 그러면 입체 CD의 높이가 입체 AB의 높이보다 더 높다. 즉 CM이 AG보다 더 길다. 앞에서와 마찬가지로 CT의 길이가 AG의 길이와 같도록 잡고, 입체 CV를 만들어라. 밑면 EH와 밑면 NQ의 넓이 비율은 MC와 AG의 비율과 같고, AG와 CT는 길이가 같으니, 밑면 EH와 밑면 NQ의 넓이 비율은 CM과 CT의 비율과 같다. 그런데 밑면 EH와 밑면 NQ의 넓이 비율은 입체 AB와 입체 CV의 부피 비율과 같다. 왜냐 하면, 입체 AB, CV는 높이가 같기 때문이다. [11권 법칙 32] 그리고 CM과 CT의 비율은 밑면 MQ와 밑면 QT의 넓이 비율과 같고 [6권 법칙 1], 또한 입체 CD와 입체 CV의 부피 비율과 같다. [11권 법칙 25]

그러므로 입체 AB와 입체 CV의 부피 비율은 입체 CD와 입체 CV의 부피 비율과 같고, 따라서 두 입체 AB, CD는 입체 CV에 대해서 부피 비율이 같다. 그러므로 입체 AB와 입체 CD는 부피가 같다. [5권 법칙 9]

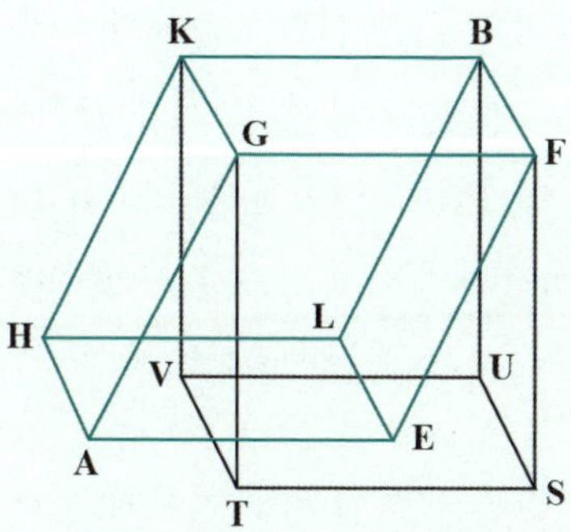

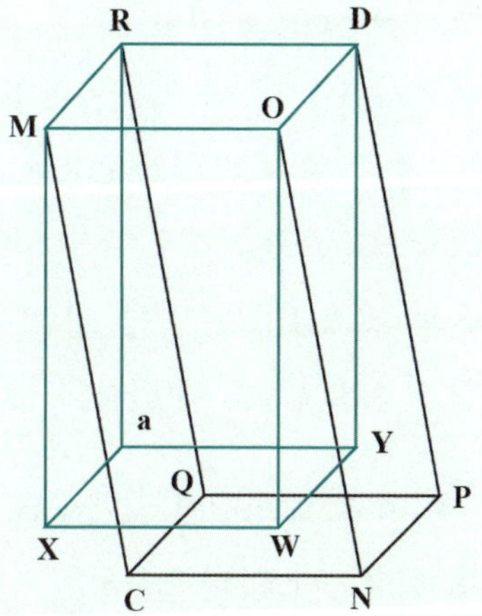

그 다음, 변들 FE, BL, GA, HK, ON, DP, MC, RQ가 밑면에 대해 수직이 아니라고 하자. 점 F, G, B, K, O, M, D, R에서 평면 EH, NQ에 대해 수직이 되도록 선분을 그어라. 이들이 평면과 만나는 점을 S, T, U, V, W, X, Y, a로 나타내자. 그리고 입체 FV, Oa를 완성하여라. 이 경우에도 입체 AB와 입체 CD의 부피가 같으면 밑면들의 넓이가 높이에 역으로 비례함을 보여야 한다. 즉 밑면 EH와 밑면 NQ의 넓이 비율은 입체 CD와 입체 AB의 높이 비율과 같음을 보여야 한다. 입체 AB와 입체 CD는 부피가 같다. 그리고 입체 AB와 입체 BT는 부피가 같다. 왜냐 하면, 이들은 밑면

FK를 공유하며 높이가 같기 때문이다. [11권 법칙 29, 30] 그리고 입체 CD와 입체 DX는 부피가 같다. 왜냐 하면, 이들은 밑면 RO를 공유하며 높이가 같기 때문이다. [11권 법칙 29, 30] 그러므로 입체 BT와 입체 DX는 부피가 같다. 그러므로 밑면 FK와 밑면 OR의 넓이 비율은 입체 DX의 높이와 입체 BT의 높이의 비율과 같다. [이 법칙의 앞부분] 그런데 밑면 FK와 밑면 EH는 넓이가 같고, 밑면 OR과 밑면 NQ는 넓이가 같다. 그러므로 밑면 EH와 밑면 NQ의 넓이 비율은 입체 DX의 높이와 입체 BT의 높이의 비율과 같다. 그런데 입체 DX와 입체 DC는 높이가 같고, 입체 BT와 입체 BA는 높이가 같다. 그러므로 밑면 EH와 밑면 NQ의 넓이 비율은 입체 DC와 입체 AB의 높이 비율과 같다. 그러므로 평행면 입체 AB, CD의 밑면들의 넓이는 높이에 역으로 비례한다.

이번에는, 평행면 입체 AB, CD의 밑면들의 넓이가 높이에 역으로 비례한다고 하자. 즉 밑면 EH와 밑면 NQ의 넓이 비율이 입체 CD의 높이와 입체 AB의 높이의 비율과 같다고 하자. 그러면 입체 AB와 입체 CD는 부피가 같음을 보여야 한다.

마찬가지로 입체들을 만들어라. 밑면 EH와 밑면 NQ의 넓이 비율은 입체 CD의 높이와 입체 AB의 높이의 비율과 같고, 밑면 EH와 밑면 FK는 넓이가 같고, 밑면 NQ는 밑면 OR과 넓이가 같으니, 밑면 FK와 밑면 OR의 넓이 비율은 입체 CD의 높이와 입체 AB의 높이의 비율과 같다. 그런데 입체 AB와 입체 BT는 높이가 같고, 입체 CD와 입체 DX는 높이가 같다. 그러므로 밑면 FK와 밑면 OR의 넓이 비율은 입체 DX의 높이와 입체 BT의 높이의 비율과 같다. 그러므로 평행면 입체 BT와 DX는 밑면들의 넓이가 높이에 역으로 비례한다. 그러므로 입체 BT와 입체 DX는 부피가 같다. [이 법칙의 앞부분] 그런데 입체 BT와 입체 BA는 부피가 같다. 왜냐 하면, 밑면 FK를 공유하고 있고 높이도 같기 때문이다. [11권 법칙 29, 30] 그리고 입체 DX와 입체 DC는 부피가 같다. [11권 법칙 29, 30] 그러므로 입체 AB와 입체 CD는 부피가 같다.

그러므로 이 법칙이 성립한다. □

해설 이 법칙을 증명하면서, 유클리드는 다음 두 가지를 가정하고 있다. (1) 두 개의 평행면 입체들이 부피가 같고 밑면의 넓이가 같으면, 그들은 높이가 같다. (2) 두 개의 평행면 입체들이 부피가 같고 밑면의 넓이가 다르면, 밑면의 넓이가 좁은 입체가 높이는 더 높다.

유클리드는 (1)을 정당화하기 위해서, "왜냐 하면, 높이가 같은 평행면 입체들은 부피 비율이 밑면의 넓이 비율과 같으니"라고 말했다. [11권 법칙 32] 하이베르그는 이게 올바르게 읽은 것이라고 했다. 초기의 어떤 편찬가는 이 설명만으로는 충분하지 않다고 여겼다. 그래서 그는 다음 설명을 덧붙여 놓았는데, 심슨의 책에 이것이 나온다. "왜냐 하면, 밑면 EH와 밑면 NQ의 넓이가 같으니, 만약에 높이 AG와 높이 CM이 다르면, 입체 AB와 입체 CD는 부피가 같을 수가 없다. 그런데 이들은 가정에 따라서 부피가 같다. 그러므로 높이 AG와 높이 CM은 다를 수가 없으며, 같아야 한다." 그러고 나니까, 두 번 설명할 필요는 없는 것 같아서, 심지어 어떤 필사본은 유클리드의 원래 설명을 없애 버리고 이 설명만 남겨 두었다. 그러나 덧붙여 놓은 설명은 별 도움이 되지 않는다. 유클리드가 인용한 11권 법칙 32를 쓰는 대신에, 11권 법칙 31을 쓰면 이것이 옳음을 좀더 쉽게 보일 수 있다. 부피가 같은 두 입체가 있는데, 밑면의 넓이가 같고 높이가 다르다고 해 보자. 그러면 더 높은 입체를 잘라서, 다른 입체와 높이가 같아지도록 만들어라. 그러면 높은 입체의 '일부분'이 다른 입체와 부피가 같게 되며, 가정에 따라서 원래의 높은 입체 자신과 부피가 같다. 즉 일부분이 전체와 부피가 같게 되었다. 이것은 모순이다.

유클리드는 (2)에 대해서는 아무런 설명도 하지 않았다. "이제 밑면 EH와 밑면 NQ의 넓이가 같지 않고 EH가 더 넓다고 하자. 입체 AB와 입체 CD의 부피가 같으니, CM은 AG보다 더 길다." 책에 따라서 "만약 그렇지 않으면, 두 입체 AB, CD는 부피가 같을 수가 없다. 그런데 이들은 가정에 따라서 부피가 같다."는 설명이 덧붙여져 있는 경우도 있지만, 이것은 후대 사람들이 쓴 것임이 확실하다. (2)가 옳음은, 11권 법칙 32를 써서 '모순을 이끌어 내는 방법'으로 간단하게 보일 수 있다. 만약에 높이 CM과 높이 AG가 같으면, 입체 AB와 입체 CD의 부피 비율은 밑면 EH와 밑면 NQ의 넓이 비율과 같다. 즉 전자가 더 크다. 그러니 부피가 다르게 된다. 그런데 이들은 가정에 따라서 부피가 같다. 만약에 높이 CM이 높이 AG보다 더 작으면, 입체 CD의 높이를 늘여서, 입체 AB와 높이가 같아지도록 만들어라. 그런데 입체 AB는 이렇게 늘인 입체보다도 부피가 더 크니, 원래 입체 CD보다 부피가 더 큼은 말할 나위도 없다. 이것은 가정에 어긋난다.

클라비우스는 (1)을 교묘하게 바꿔 놓았다. 두 개의 평행면 입체들이 부피가 같고 높이가 같으면, 그들은 밑면의 넓이가 같다고 말한 것이다. 이것은 11권 법칙 32로부터 바로 나온다. 법칙 32는 높이가 같은 평행면 입체들의 부피 비율은 밑면의 넓이 비율과 같음을 보이고 있으니까. 그렇지만 클라비우스는 11권 법칙 31을 써서 간접적으로 이것을 증명하였다. 클라비우스가 택한 방법이 유리한 점은, (2)를 사용하지 않아도 되는 것이다. 클라비우스는, 만약 두 입체의 '높이'가 다르면, CM이 더 높다고 하자고 말해 놓고, 그 다음에는 유클리드의 증명 과정을 따라갔다. 법칙 34에 대응하여, 원뿔이나 원기둥의 경우를 다룬 것이 12권 법칙 15이다. 12권 법칙 15에서는, 우선 높이가 같다고 가정하고 나서, 12권 법칙 11(11권 법칙 32에 대응한다)을 써서, 입체들의 부피가 같으니 밑면의 넓이가 같음을 보였다. 그 다음에, 높이가 다른 경우를 다루었다. 밑면의 넓이에 대해서는 미리 가정하지 않았다.

그러니 법칙 34를 12권 법칙 15와 비교해 보고, 유클리드가 여기에서 11권 법칙 32(두 입체의 부피가 같고 높이가 같으면, 그들은 밑면의 넓이가 같음을 바로 보이고 있다)를 인용한 것을 보면, 클라비우스의 방법이 훨씬 더 융통성이 있고 좋다.

(1), (2)를 위와 같이 증명하고 나면, 유클리드의 증명 과정을 다음과 같이 요약할 수 있다.

I. 밑면의 꼭짓점에 서 있는 모서리들이 수직인 경우.

(가) 만약 밑면 EH와 밑면 NQ의 넓이가 같으면, 두 평행면 입체가 부피가 같다고 했으니, 높이도 같아야 한다. (이것은 11권 법

칙 31의 역이다.) 그러므로 모든 비율이 1 : 1이니, 밑면의 넓이와 높이는 역으로 비례한다.

(나) 밑면 EH가 밑면 NQ보다 더 넓다고 하자. 그러면 높이 CM은 높이 AG보다 더 높다. (11권 법칙 32를 써서 추론.) CM에서 AG와 길이가 같도록 CT를 잡아라. 점 T를 지나고 밑면 NQ에 평행하도록 평면 TV를 그려서, 평행면 입체 CV를 만들어라. 이 평행면 입체의 높이는 CT(=AG)이다.

그러면 평행면 입체 AB, CD는 부피가 같으니,

입체 AB : 입체 CV = 입체 CD : 입체 CV [5권 법칙 7]

그런데

입체 AB : 입체 CV = □ HE : □ NQ [11권 법칙 32]

그리고

입체 CD: 입체 CV = □ MQ : □ TQ [11권 법칙 25]

= CM : CT [6권 법칙 1]

그러므로 □ HE : □ NQ = CM : CT = CM : AG

(다) 만약 밑면 EH, NQ의 넓이가 같고, 이들의 넓이 비율이 높이 비율의 역이라면, 높이도 서로 같다.

그러므로 입체 AB = 입체 CD [11권 법칙 31]

(라) 만약 밑면 EH, NQ의 넓이가 다르면, 예를 들어 □ EH > □ NQ라 하자. 그러면

□ EH : □ NQ = CM : AG

이니, CM > AG이다.

앞에서와 마찬가지로 작도를 하여라. 그러면

□ EH : □ NQ = 입체 AB : 입체 CV [11권 법칙 32]

그리고

CM : AG = CM : CT = □ MQ : □ TQ [6권 법칙 1]

= 입체 CD : 입체 CV [11권 법칙 25]

그러므로

입체 AB : 입체 CV = 입체 CD : 입체 CV

그러므로 입체 AB = 입체 CD [5권 법칙 9]

II. 밑면의 꼭짓점에 서 있는 모서리들이 수직이 아닌 경우.

밑면과 마주 보는 면의 꼭짓점들로부터, 밑면에 수직이 되도록 선분들을 그어라.

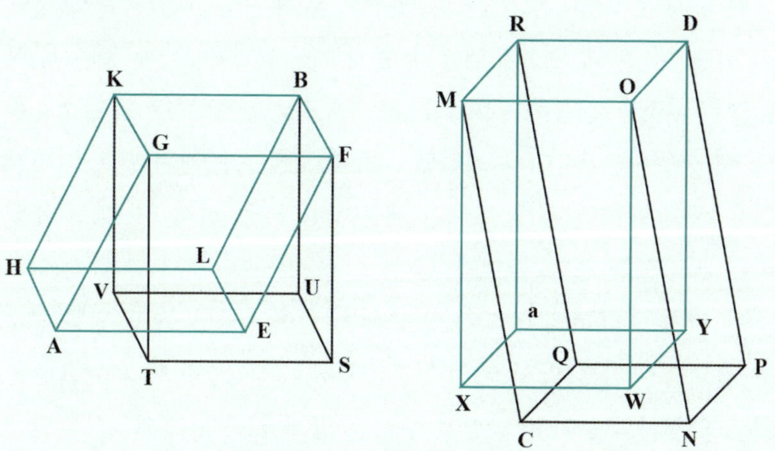

그러면 두 개의 새로운 평행면 입체를 얻게 되는데, 이들은 원래의 두 평행면 입체 AB, CD와 각각 부피가 같다. 왜냐 하면, 밑면이 FK, RO로서 각각 같고, 높이도 각각 같기 때문이다. [11권 법칙 29, 30]

(가) 만약 입체 AB와 입체 CD가 부피가 같으면,

입체 BT = 입체 DX

그리고 이 법칙 앞부분 증명한 것에 따라서,

□ KF : □ OR = MX : GT

즉 □ HE : □ NQ = MX : GT

(나) 만약 □ HE : □ NQ = MX : GT

이면, □ KF : □ OR = MX : GT

가 성립한다. 그러므로 이 법칙 앞부분 증명한 것에 따라서, 두 입체 BT, DX는 부피가 같다. 그러므로

입체 AB = 입체 CD

원래 책을 보면, 이 법칙의 뒷부분 증명 과정에서, "높이가 같고"라는 말 바로 뒤에 "변들의 끝점들은 같은 직선에 놓여 있지 않다."고 덧붙여 놓은 것이 네 번 나온다. 하지만 나는 이것들을 다 빼 놓았다. 심슨이 지적하였듯이, 이것들은 부적절하다. 어쩌면 같은 직선에 놓일 지도 모르기 때문이다. 11권 법칙 31 맨 뒤에도 이런 부적절한 말이 들어가 있다.

이 법칙 앞부분의 결과를 인용하는 말이 두 번 들어 있었는데, 꼭 필요한 게 아니라서 빼 버렸다. 게다가 그것들은 이상한 표현을 담고 있었다. "높이가 밑면에 수직인 입체들." '높이'야 늘 밑면에 수직이지, 수직이 아닌 높이가 있단 말인가?

법칙 35

두 평면각이 크기가 같다고 하자. 그들의 꼭짓점에서 각을 포함하는 평면의 위로 올라가도록 직선을 세우되, 그 직선이 원래 각을 이루는 직선들과 만드는 각들의 크기가 같도록 해라. 그 직선에서 아무 점이라도 좋으니 점을 잡은 다음에, 원래 각을 포함하는 평면에 수직이 되도록 선분을 그어라. 이 선분과 평면이 만나는 점을 잡고, 이 점과 각의 꼭짓점을 잇는 선분을 그어라. 그러면 이 선분과 평면의 위로 올라가도록 세운 직선이 만드는 각들은 크기가 같다.

증명 두 평면각 BAC, EDF가 크기가 같다고 하자. 점 A에서 직선 AG를 세우고 점 D에서 직선 DM을 세우되, 이들이 원래 직선들과 만드는 각들의 크기가 같도록 해라. 바꿔 말하면, 각 MDE와 각 GAB가 크기가 같고, 각 MDF와 각 GAC가 크기가 같도록 해라. 직선 AG에서 아무 점이라도 좋으니 점 G를 잡고, 직선 DM에서 아무 점이라도 좋으니 점 M을 잡아라.

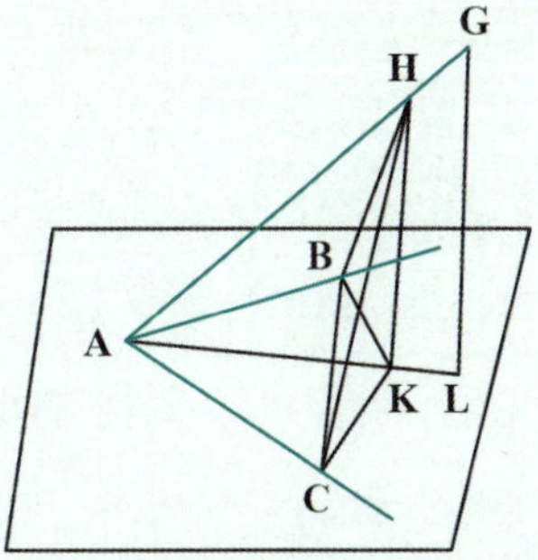

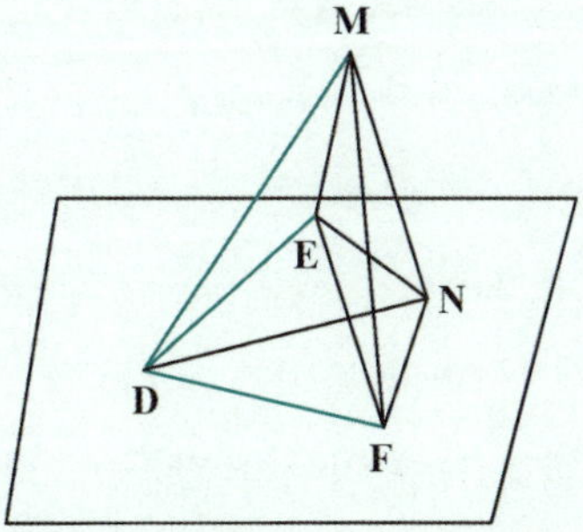

점 G에서 BA, AC를 포함하는 평면에 수직이 되도록 선분 GL을 긋고, 점 M에서 ED, DF를 포함하는 평면에 수직이 되도록 선

분 MN을 그어라. 이 선분들이 평면들과 만나는 점들을 L, N으로 나타내자. 선분 LA, ND를 그어라. 그러면 각 GAL과 각 MDN은 크기가 같음을 보여야 한다. AH의 길이가 DM의 길이와 같도록 잡아라. 점 H에서 GL에 평행하도록 선분 HK를 그어라. 그런데 GL은 BA, AC를 포함하는 평면에 수직이다. 그러므로 HK도 BA, AC를 포함하는 평면에 수직이다. [11권 법칙 8] 점 K, N에서 직선 AC, DF, AB, DE에 수직이 되도록 선분 KC, NF, KB, NE를 그어라. 선분 HC, CB, MF, FE를 그어라. HA로 만든 정사각형은 HK, KA로 만든 정사각형들을 더한 것과 넓이가 같고, KA로 만든 정사각형은 KC, CA로 만든 정사각형들을 더한 것과 넓이가 같다. [1권 법칙 47] 그러므로 HA로 만든 정사각형은 HK, KC, CA로 만든 정사각형들을 더한 것과 넓이가 같다.

그런데 HC로 만든 정사각형은 HK, KC로 만든 정사각형들을 더한 것과 넓이가 같다. [1권 법칙 47] 그러므로 HA로 만든 정사각형은 HC, CA로 만든 정사각형들을 더한 것과 넓이가 같다. 그러므로 각 HCA는 직각이다. [1권 법칙 48] 마찬가지 이유로 각 DFM도 직각이다. 그러므로 각 HCA와 각 DFM은 크기가 같다. 그런데 각 HAC는 각 MDF와 크기가 같다. 그러므로 두 삼각형 MDF, HAC가 있는데, 두 각들이 두 각들과 각각 크기가 같고, 한 변이 한 변과 길이가 같다. 즉 크기가 같은 각을 끼고 있는 변 HA와 변 MD가 길이가 같다. 그러므로 나머지 변들도 나머지 변들과 각각 길이가 같다. [1권 법칙 26] 그러므로 AC와 DF는 길이가 같다. 마찬가지 방법으로 AB와 DE는 길이가 같음을 보일 수 있다.

AC와 DF는 길이가 같고, AB와 DE는 길이가 같으니, 두 변 CA, AB가 두 변 FD, DE와 각각 길이가 같다. 그런데 각 CAB는 각 FDE와 크기가 같다. 그러므로 변 BC와 변 EF는 길이가 같고, 삼각형 CAB와 삼각형 FDE는 똑같으며, 나머지 각들은 나머지 각들과 크기가 같다. [1권 법칙 4] 그러므로 각 ACB와 각 DFE는 크기가 같다. 그런데 각 ACK는 직각이고 각 DFN도 직각이니, 이 둘은 크기가 같다. 그러므로 남는 각 BCK는 남는 각 EFN과 크기가 같다. 마찬가지 이유로 각 CBK와 각 FEN은 크기가 같다. 그러므로 두 삼각형 BCK, EFN이 있는데, 두 각들이 두 각들과 각각 크기가 같고, 한 변이 한 변과 길이가 같다. 즉 크기가 같은 각을 끼고 있는 변 BC와 변 EF가 길이가 같다. 그러므로 나머지 변들도 나머지 변들과 각각 길이가 같다. [1권 법칙 26] 그러므로 CK와 FN은 길이가 같다. 그런데 AC와 DF는 길이가 같다. 그러므로 두 변 AC, CK는 두 변 DF, FN과 각각 길이가 같다. 그리고 이들은 직각을 끼고 있다. 그러므로 밑변 AK와 밑변 DN은 길이가 같다. [1권 법칙 4] AH와 DM은 길이가 같으니, AH로 만든 정사각형은 DM으로 만든 정사각형과 넓이가 같다. 그런데 AK, KH로 만든 정사각형들을 더한 것은 AH로 만든 정사각형과 넓이가 같다. 왜냐 하면, 각 AKH가 직각이기 때문이다. [1권 법칙 47] 그리고 DN, NM으로 만든 정사각형들을 더한 것은 DM으로 만든 정사각형과 넓이가 같다. 왜냐 하면, 각 DNM이 직각이기 때문이다. [1권 법칙 47] 그러므로 AK, KH로 만든 정사각형들을 더한 것은 DN, NM으로 만든 정사각형들을 더한 것과 넓이가 같으며, 여기서 AK로 만든 정사각형은 DN으로 만든 정사각형과 넓이가 같다. 그러므로 이들을 빼면 남는 KH로 만든 정사각형과 NM으로 만든 정사각형은 넓이가 같다. 그러므로 HK와 MN은 길이가 같다. 두 변 HA, AK가 두 변 MD, DN과 각각 길이가 같고, 밑변 HK는 밑변 MN과 길이가 같으니, 각 HAK는 각 MDN과 크기가 같다. [1권 법칙 8]

그러므로 이 법칙이 성립한다. □

해설 법칙 35는 법칙 36을 증명하는 데 쓰인다. 각들의 크기가 서로 같은 평행면 입체가 두 개 있어서, 대응하는 입체각을 각각의 입체에서 잡았는데, 각각의 입체각은 세 개의 평면각들로 구성되어 있고, 그 평면각들 중 하나는 평행면 입체의 밑면인 평행사변형의 각이고, 마찬가지로 그 평면각과 크기가 같은 평면각은 다른 평행면 입체의 밑면인 평행사변형의 각이고, 입체각을 만드는 나머지 두 평면각들이 만나서 만드는 모서리는 두 입체가 길이가 같다고 하자. 그러면 이 두 평행면 입체는 높이가 같음을 법칙 36에서 이용한다.

'직선이 평면에 대해서 기운 정도'의 정의를 염두에 두면, 법칙 35를 다음과 같이 짤막하게 표현할 수 있다.

"두 개의 서로 같은 삼면각이 있으면, 대응하는 모서리들이 나머지 두 모서리들을 지나는 평면에 대해서 기운 정도(평면과 만드는 각)는 같다."

증명은 길 수밖에 없는데, 다음과 같이 요약할 수 있다. 각 GAL과 각 MDN이 크기가 같음을 보여야 한다. 여기서 G, M은 각각 직선 AG, DM에서 잡은 점이며, GL, MN은 각각 평면 BAC, 평면 EDF에 수직이 되도록 그은 선분이다.

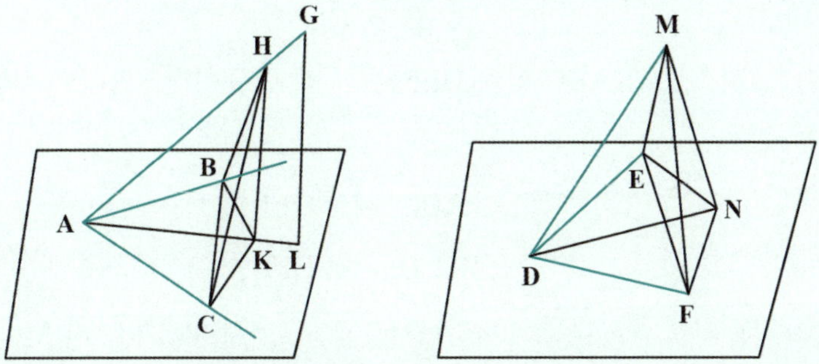

DM과 길이가 같도록 AH를 잡아라. 그리고 평면 GAL에서 GL에 평행하도록 HK를 그으면, HK도 평면 BAC에 수직이 된다. [11권 법칙 8] AB, AC에 각각 수직이 되도록 KB, KC를 그어라. DE, DF에 각각 수직이 되도록 NE, NF를 그어라. 그림처럼 작도를 완결해라.

(1) 1권 법칙 47에 따라서,

$$\begin{aligned} HA^2 &= HK^2 + KA^2 \\ &= HK^2 + KC^2 + CA^2 \\ &= HC^2 + CA^2 \end{aligned}$$

그러므로 $\angle HCA$ = 직각

마찬가지로 $\angle MFD$ = 직각

(2) $\triangle HAC$, $\triangle MDF$는 두 각들이 각각 크기가 같고, 한 변이 길이가 같다. 그러므로 1권 법칙 26에 따라서,

$$\triangle HAC \equiv \triangle MDF$$

그리고 $AC = DF$

(3) 마찬가지 이유로

$$\triangle HAB \equiv \triangle MDE$$

그리고 $AB = DE$

(4) 그러므로 △ABC와 △DEF는 서로 합동이다. 그러므로 BC = EF이고,

$$\angle ABC = \angle DEF$$

$$\angle ACB = \angle DFE$$

(5) 그러므로 이 각들의 여각들도 서로 크기가 같다. 즉

$$\angle KBC = \angle NEF$$

$$\angle KCB = \angle NFE$$

(6) △KBC와 △NEF는 두 각들이 각각 크기가 같고, 한 변이 길이가 같다. 그러므로 이들은 서로 합동이다. 따라서

$$KB = NE$$

$$KC = NF$$

(7) 위의 (2)에 따라서 AC = DF이고, KC = NF이니, 직각삼각형 KAC와 직각삼각형 NDF는 서로 합동이다. 따라서

$$AK = DN$$

(8) △HAK와 △MDN에서,

$$HK^2 + KA^2 = HA^2$$

$$= MD^2 \text{ (가정에 따라서)}$$

$$= MN^2 + ND^2$$

KA^2과 ND^2은 같은데, 양변에서 이들을 각각 빼라. 그러면

$$HK^2 = MN^2$$

즉 $HK = MN$

(9) 이제 1권 법칙 8과 1권 법칙 4에 따라서, △HAK와 △MDN은 서로 합동이다. 그러므로

$$\angle HAK = \angle MDN$$

르장드르는 여기에 나온 작도 과정과 논리 전개를 거의 그대로 써서, 11권 법칙 21의 해설에 나오는 법칙 (3)을 증명하였다. “두 개의 삼면각이 서로 같으면, 대응하는 면들이 만드는 이면각은 서로 크기가 같다.” 이 사실은 앞의 과정을 이용하여 쉽게 보일 수 있다. (1)에 따라서, HC, KC는 둘 다 AC에 수직이다. 그리고 MF, NF는 둘 다 DF에 수직이다. 그러므로 각 HCK, 각 MFN이 바로 평면 HAC와 평면 BAC 사이의 이면각, 평면 MDF와 평면 EDF 사이의 이면각이다. [11권 정의 6]

(6)에 따라서, $KC = NF$

그리고 (8)에 따라서, $HK = MN$

그리고 각 HKC와 각 MNF는 둘 다 직각이니, 크기가 같다.

따라서 △HCK와 △MFN은 서로 합동이다. [1권 법칙 4] 그러므로

$$\angle HCK = \angle MFN$$

심슨은 위의 (1)을 약간 달리, 다음과 같이 증명해 놓았다.

HK는 평면 BAC에 수직인데, 평면 HBK는 HK를 지나니까, 평면 HBK도 평면 BAC에 수직이다. [11권 법칙 18] 그리고 AB는 평면 BAC에 놓여 있고, BK에 수직인데, BK는 평면 HBK와 평면 BAC의 교선이니, AB는 평면 HBK에 수직이다. [11권 정의 4] 그러므로 평면 HBK에 놓여 있는 선분들 중 AB와 만나는 선분은 모두 AB와 수직이다. [11권 정의 3] 그러므로 각 ABH는 직각이다.

내 생각으로는, 유클리드의 증명 방법이 이 법칙의 본성에 가까

운 정의들을 이용하고 있으니, 더 낫다.

딸린 법칙

두 평면각이 크기가 같을 때, 그들의 꼭짓점에서 각을 포함하는 평면의 위로 올라가도록 선분들을 세우되, 그 선분들이 원래 각을 이루는 선분들과 만드는 각들의 크기가 같고, 그 선분들의 길이가 같도록 해라. 그러면 선분들의 끝점들에서 평면에 수직이 되도록 그은 선분들은 길이가 같다.

해설 딸린 법칙은 앞의 (8)에서 얻은 결과를 따로 써 놓은 것에 불과하다.

법칙 36

세 선분들이 서로 비례한다고 하자. 그러면 세 선분들을 가지고 만든 평행면 입체의 부피는, 이 입체와 각들의 크기는 같고 모든 변들의 길이는 두 번째 선분과 같도록 만든 평행면 입체의 부피와 같다.

증명 세 선분 A, B, C가 비례한다고 하자. 즉 A와 B의 비율이 B와 C의 비율과 같다고 하자. 그러면 A, B, C를 가지고 만든 평행면 입체의 부피는, 이 입체와 각들의 크기는 같고 모든 변들의 길이는 B인 평행면 입체의 부피와 같음을 보여야 한다. 각 DEG, GEF, FED를 가지고 E에서 입체각을 만들어라. 선분 ED, EG, EF의 길이가 모두 B의 길이와 같도록 잡아라. 그리고 평행면 입체 EK를 완성하여라. 선분 LM의 길이가 A의 길이와 같도록 잡아라. 선분 LM의 점 L에다 E에 있는 입체각과 같은 입체각을 만들어라. 이것이 각 NLO, OLM, MLN으로 구성되었다고 하자. LO의 길이가 B의 길이와 같도록 잡고, LN의 길이가 C의 길이와 같도록 잡아라.

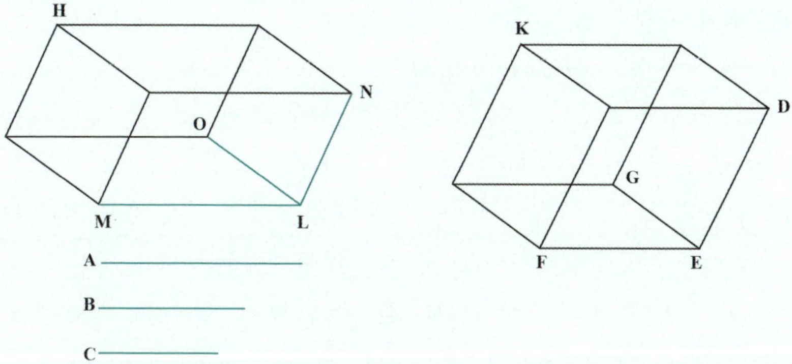

A와 B의 비율은 B와 C의 비율과 같고, A와 LM은 길이가 같고, B는 두 선분 LO, ED와 길이가 같고, C는 LN과 길이가 같으니, LM과 EF의 비율은 DE와 LN의 비율과 같다. 그러므로 크기가 같은 두 각 NLM, DEF를 끼고 있는 변들이 역으로 비례한다. 그러므로 평행사변형 MN과 평행사변형 DF는 넓이가 같다. [6권 법칙 14] 크기가 같은 두 평면각 DEF, NLM이 있는데, 이들의 꼭짓점들에서 선분 LO, EG를 세웠으며, 이 선분들이 원래 선분들과 만드는 각들의 크기가 같으며, 이 선분들은 길이가 같다. 그러므로 점 O에서 NL, LM을 포함하는 평면에 수직이 되도록 그은 선분과 점 G에서 DE, EF를 포함하는 평면에 수직이 되도록 그은 선분은 길이가 같다. [11권 법칙 35, 딸린 법칙] 그러므로 두 평행면 입체 LH, EK는 높이가 같다. 그런데 밑면의 넓이가 같고 높이가 같은 평행면 입체들은 부피가 같다. [11권 법칙 31] 그러므로 입체 HL과 입체 EK는 부피가 같다. HL은 A, B, C로 만든 입체이며, EK

는 B로 만든 입체이다. 그러므로 A, B, C로 만든 평행면 입체는, 그것과 각들의 크기는 같고 변들의 길이는 모두 B인 평행면 입체와 부피가 같다.

그러므로 이 법칙이 성립한다. □

해설 평행면 입체 HL의 변들의 길이는 각각 A, B, C와 같고, 이 입체와 각들의 크기가 같은 평행면 입체 KE는 모든 변들의 길이가 B와 같다. 그리고 평행사변형 MN(이 평행사변형은 B와 길이가 같은 변 OL을 포함하고 있지 않다)을 첫 번째 평행면 입체의 밑면이라 하고, 이것과 각들의 크기가 같은 평행사변형 FD를 두 번째 평행면 입체의 밑면이라 하자. 이 두 입체는 높이가 같다. [11권 법칙 35, 딸린 법칙] 그러므로 11권 법칙 32에 따라서,

입체 HL : 입체 KE = □ MN : □ FD

그런데 A, B, C는 차례차례 구한 비율이 같다고 했으니,

A : B = B : C

즉 LM : EF = DE : LN

그러므로 각들의 크기가 같은 두 평행사변형 MN, FD의 변들의 길이가 역으로 비례한다. 그러므로 6권 법칙 14에 따라서,

□ MN = □ FD

그러므로 입체 HL = 입체 KE

법칙 37

이네 선분들이 서로 비례한다고 하자. 이 선분들에다 닮은꼴 평행면 입체들을 같은 형태로 붙여 놓으면, 이 입체들의 부피도 서로 비례한다. 역으로, 네 선분들이 있는데, 이 선분들에다 닮은꼴 평행면 입체들을 같은 형태로 붙여 놓았을 때 그 부피가 서로 비례하면, 이 네 선분들은 서로 비례한다.

증명 네 선분 AB, CD, EF, GH가 서로 비례한다고 하자. 즉 AB와 CD의 비율이 EF와 GH의 비율과 같다고 하자. AB, CD, EF, GH에다 닮은꼴 평행면 입체 KA, LC, ME, NG를 같은 형태로 붙여 놓아라. 그러면 KA와 LC의 부피 비율은 ME와 NG의 부피 비율과 같음을 보여야 한다.

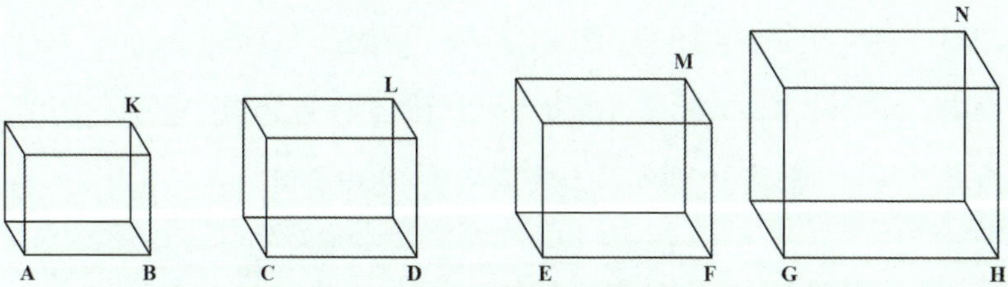

평행면 입체 KA와 LC가 닮은꼴이니, KA와 LC의 부피 비율은 AB와 CD의 비율의 세 겹이다. [11권 법칙 33] 마찬가지 이유로 ME와 NG의 부피 비율은 EF와 GH의 비율의 세 겹이다. [11권 법칙 33] 그런데 AB와 CD의 비율은 EF와 GH의 비율과 같다. 그러므로 AK와 LC의 부피 비율은 ME와 NG의 부피 비율과 같다.

역으로, 입체 AK와 입체 LC의 부피 비율이 입체 ME와 입체 NG의 부피 비율과 같다고 하자. 그러면 선분 AB와 선분 CD의 비율은 EF와 GH의 비율과 같음을 보여야 한다.

KA와 LC의 부피 비율은 AB와 CD의 비율의 세 겹이고 [11권 법칙 33], ME와 NG의 부피 비율도 EF와 GH의 비율의 세 겹이고 [11권 법칙 33], KA와 LC의 부피 비율은 ME와 NG의 부피 비율과 같으니, AB와 CD의 비율은 EF와 GH의 비율과 같다.

그러므로 이 법칙이 성립한다. □

해설 유클리드는 이 법칙을 증명하면서, 만약 두 비율이 서로 같으면, 그들의 세 겹(세제곱)들도 서로 같고, 역으로 어떤 비율들의 세 겹(세제곱)들이 서로 같으면, 원래 비율들이 서로 같음을 가정하고 있다. 이런 가정을 사용하는 것을 피하기 위해서, 심슨은 어떤 필사본에 나오는 다른 방법을 채택하였다. 클라비우스도 그 방법을 채택하였지만, 그는 유클리드의 증명 방법도 나란히 소개해 놓았으며, 그것이 테온의 것이라고 하였다. 심슨이 택한 증명 방법은 다음과 같은데, 6권 법칙 22의 방법과 비슷하다.

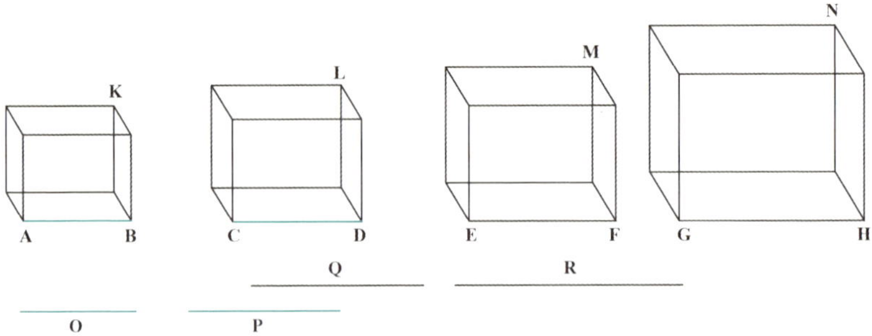

AB, CD, O, P가 차례차례 비율이 같도록 잡고, EF, GH, Q, R이 차례차례 비율이 같도록 잡아라.

(가) 그러면

$$AB : CD = EF : GH$$

이고, 같은 위치에 있는 항들은 비율이 같으니 [5권 법칙 22],

$$AB : P = EF : R$$

그런데 11권 법칙 33과 딸린 법칙에 따라서,

입체 AK : 입체 CL = AB : P

그리고 입체 EM : 입체 GN = EF : R

그러므로 입체 AK : 입체 CL = 입체 EM : 입체 GN

(나) 입체들의 부피가 서로 비례한다고 하자.

다음 비례식이 성립하도록 ST를 잡아라.

$$AB : CD = EF : ST$$

그리고 선분 ST에다 평행면 입체 EM 또는 GN과 닮은꼴 평행면 입체를 같은 형태로 붙여 놓아라.

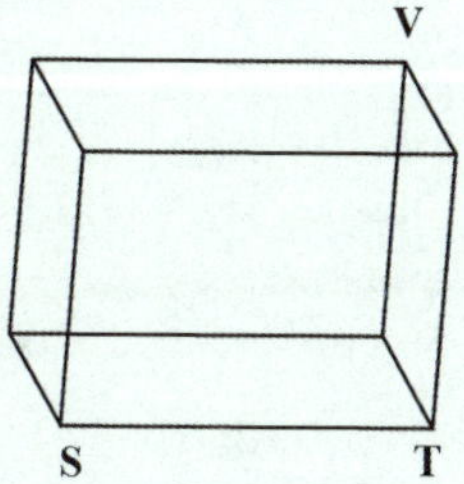

그러면 (가) 따라서,

입체 AK : 입체 CL = 입체 EM : 입체 SV

그러므로 입체 GN = 입체 SV

그런데 이들 두 입체는 닮은꼴이며, 같은 형태로 놓여 있다. 그러므로 이들의 면들은 서로 닮은꼴이며 넓이가 같다.(서로 합동이다.) [11권 정의 10] 그러므로 대응하는 변 GH와 ST는 길이가 같다. (이 추론은, 6권 법칙 22 해설을 참조하기 바란다. GH, ST가 같음은, 평행면 입체를 옮겨서 포개 놓은 방법으로 보일 수도 있다. 서로 닮은꼴이라고 했으니, 각들의 크기가 같기 때문이다.)

그러므로 $AB : CD = EF : GH$

필사본 중에는, 이 위치에 엉뚱한 법칙이 등장하는 게 있다.

"두 평면이 서로 수직이라고 하자. 한 평면에서 임의의 점을 잡은 다음, 그 점에서 다른 한 평면으로 수직선을 그으면, 그 수직선은 이 두 평면의 교선에 닿게 된다."

여기서는 전혀 필요가 없는데, 정말이지 엉뚱한 위치에 놓여 있다. 이 법칙은 12권 법칙 17의 보조 법칙으로 만들면 괜찮을 것 같다. 이 사실이 거기서 유일하게 사용되니까. 이 법칙은 후대 사람들이 덧붙여 놓은 것임이 확실해 보인다. 증명은 물론 모순을 이끌어 내는 방법으로 간단하게 할 수 있다.

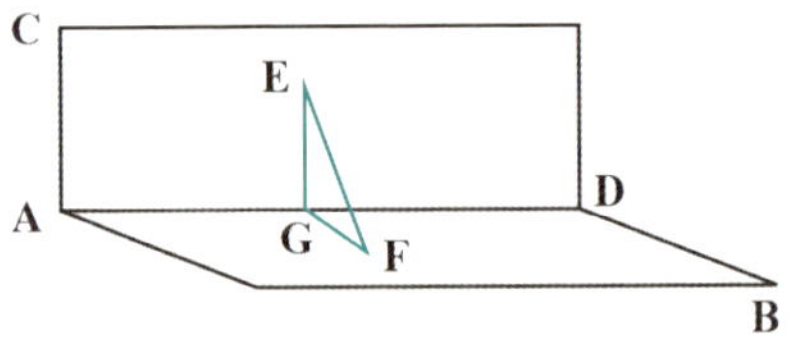

평면 CAD와 평면 AB가 서로 수직이라고 하자. 평면 CAD에서 임의의 점 E를 잡은 다음, 평면 AB로 수직선을 그어라.

만약에 이 수직선이 교선 AD에 닿지 않으면, 이 수직선이 평면 AB와 만나는 점을 F라 하자. 평면 AB에서, 선분 AD에 수직이 되도록 선분 FG를 그어라. 그리고 선분 EG를 그어라. 그러면 FG는 평면 CAD에 수직이며 [11권 정의 4], 따라서 GE에 수직이다. [11권 정의 3] 그러므로 각 EGF는 직각이다. 그리고 EF는 평면 AB에 수직이니, 각 EFG는 직각이다. 그러니 삼각형 EGF는 두 개의 직각을 가진다. 이것은 모순이다.

법칙 38

정육면체의 마주 보는 면들의 변들을 이등분한 다음, 그 점들을 지나도록 두 평면을 잡아라. 그러면 이 두 평면의 교선은 정육면체의 대각선과 서로 이등분한다.

증명 정육면체 AF의 마주 보는 면들 CF, AH의 변들을 점 K, L, M, N, O, Q, P, R을 잡아서 이등분해라. 이 점들을 지나도록 두 평면 KN, OR을 잡아라. 이 두 평면의 교선을 US라 하고, 정육면체 AF의 대각선을 DG라 하자. 그러면 UT와 TS는 길이가 같고, DT와 TG도 길이가 같음을 보여야 한다.

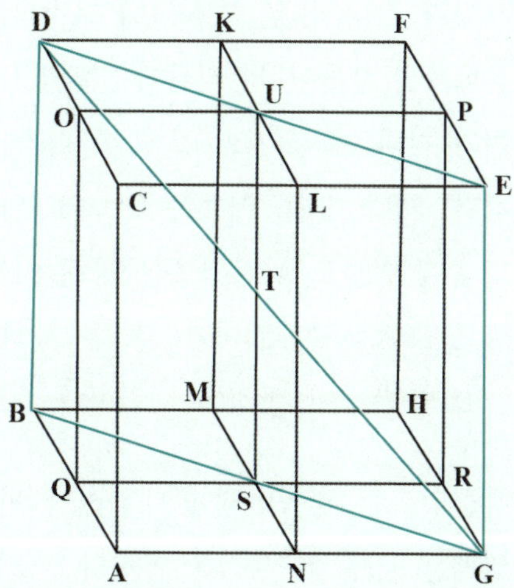

선분 DU, UE, BS, SG를 그어라. DO와 PE는 평행하니, 엇각 DOU와 UPE는 크기가 같다. [1권 법칙 29] DO와 PE는 길이가 같고, OU와 UP는 길이가 같으며, 이들은 크기가 같은 각을 끼고 있으니, 밑변 DU와 밑변 UE는 길이가 같다. [1권 법칙 4] 그러므로 삼각형 DOU와 삼각형 EPU는 똑같으며, 나머지 각들은 나머지 각들과 크기가 같다. 따라서 각 OUD와 각 PUE는 크기가 같다. 그러므로 DUE는 선분이다. [1권 법칙 14] 마찬가지 이유로 BSG도 선분이며, BS와 SG는 길이가 같다. CA와 DB는 길이가 같고 평행하며, CA는 또한 EG와 길이가 같고 평행하니, DB와 EG도 길이가 같고 평행하다. [11권 법칙 9] 이들의 끝점들을 잇는 선분들이 DE, BG이니, DE와 BG는 평행하다. [1권 법칙 33]

그러므로 각 EDT와 각 BGT는 크기가 같다. 왜냐 하면, 이들은 엇각이기 때문이다. [1권 법칙 29] 그리고 각 DTU와 각 GTS는 크기가 같다. [1권 법칙 15] 그러므로 두 삼각형 DTU, GTS가 있는데, 두 각들이 두 각들과 각각 크기가 같고, 한 변이 한 변과 길이가 같다. 즉 크기가 같은 한 각을 끼고 있는 DU와 GS가 길이가 같다. 왜냐 하면, 이들은 DE, BG의 절반이기 때문이다. 그러므로 나머지 변들도 나머지 변들과 길이가 같다. [1권 법칙 26] 그러므로 DT와 TG는 길이가 같고, UT와 TS는 길이가 같다.

그러므로 이 법칙이 성립한다. □

해설 유클리드는 정육면체에 대해서만 이 법칙을 기술하였지만, 평행면입체는 모두 이 성질을 가진다. 이 법칙은 13권 법칙 17에서 쓰이는데, 정육면체인 경우만 알면 되니까, 나머지 경우들은 다루어 놓지 않았다. 심슨은 마주 보는 면들의 변들을 이등분하는 선분들이 한 평면에 놓임을 증명해야 한다고 지적했다. 그러나 이것은 명백하다. 예를 들어 DK, CL은 길이가 같고 평행하니, KL, CD는 길이가 같고 평행하다. 그리고 KL, AB는 둘 다 DC와 평행하니, KL, AB는 서로 평행하다. 마지막으로, KL, MN은 둘 다 AB와 평행하니, KL, MN은 서로 평행하다. 그러므로 KL, MN은 한 평면에 놓여 있다. 이 법칙을 증명하는 데 핵심이 되는 것은, 반대쪽 모서리들인 DB, EG를 지나는 평면이 US를 지나게 됨을 보이는 일이다. 그래야만 US, DG가 서로 자를 수 있기 때문이다.

이것을 증명하려면, DU, UE와 BS, SG를 그었을 때, DUE와 BSG가 둘 다 직선이 됨을 보이면 충분하다.

DO와 PE는 서로 평행하니까,

$$\angle DOU = \angle EPU$$

그러므로 △DUO와 △EUP에서, 두 변 DO, OU는 두 변 EP, PU와 각각 길이가 같고, 사이에 낀 각도 서로 크기가 같다. 그러므로

$$\triangle DUO \equiv \triangle EUP$$

따라서

$$DU = UE$$

$$\angle DUO = \angle EUP$$

그러므로 DUE는 선분이며, U는 중점이다. 마찬가지 이유로, BSG는 선분이며, S는 중점이다. 그러므로 DB, EG를 지나는 평면은 (DB, EG는 길이가 같고 평행하다.) 선분 DUE, BSG를 포함하고 있다. (그러므로 선분 DUE, BSG는 길이가 같고 평행하다.) 그리고 11권 법칙 7에 따라서, 이 평면은 선분 US, DG를 포함하고 있다. 그러므로 선분 US, DG는 서로 교차한다. △DTU, △GTS에서, 각 UDT와 각 SGT는 엇각들이니 크기가 같고, 각 UTD와 각 STG는 맞꼭지각들이니 크기가 같고, DU(DE의 절반)와 GS(BG의 절반)는 길이가 같다. 그러므로 1권 법칙 26에 따라서, 삼각형 DTU와 삼각형 GTS는 서로 합동이다. 그러므로

$$DT = TG, \ UT = TS$$

법칙 39

높이가 같은 두 각기둥들이 있는데, 하나는 밑면이 평행사변형이고 다른 하나는 밑면이 삼각형이며, 평행사변형의 넓이가 삼각형 넓이의 두 배라고 하자. 그러면 이들은 부피가 같다.

증명 두 각기둥 ABDCEF, GHKLMN이 높이가 같고, 하나는 밑면이 평행사변형 AEFC이고, 다른 하나는 밑면이 삼각형 GHK라고 하

자. 그리고 평행사변형 AEFC의 넓이가 삼각형 GHK의 넓이의 두 배라고 하자. 그러면 각기둥 ABDCEF와 각기둥 GHKLMN은 부피가 같음을 보여야 한다.

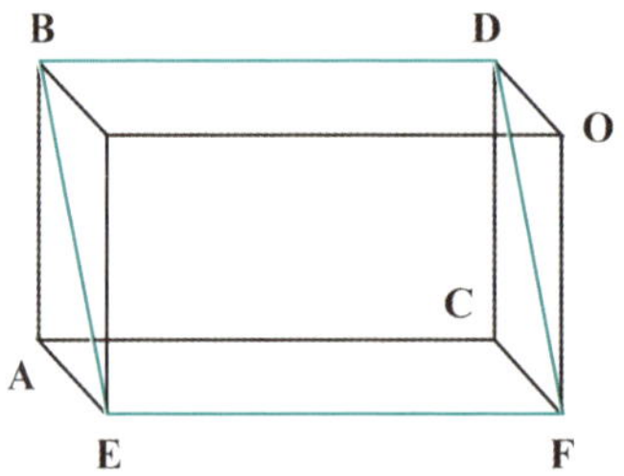

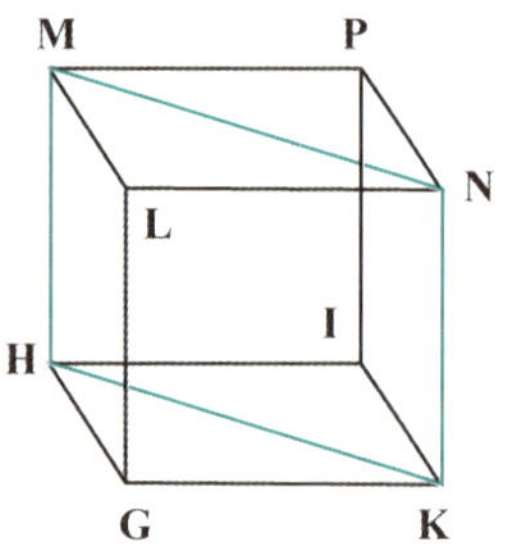

평행면 입체 AO, GP를 완성하여라. 평행사변형 AEFC의 넓이는 삼각형 GHK의 넓이의 두 배인데, 평행사변형 HGKI의 넓이도 삼각형 GHK의 넓이의 두 배이니 [1권 법칙 34], 평행사변형 AEFC와 평행사변형 HGKI는 넓이가 같다. 그런데 밑면의 넓이가 같고 높이가 같은 평행면 입체들은 부피가 같다. [11권 법칙 31] 그러므로 입체 AO와 입체 GP는 부피가 같다. 각기둥 ABDCEF의 부피는 입체 AO의 부피의 절반이며, 각기둥 GHKLMN의 부피는 입체 GP의 부피의 절반이다. [11권 법칙 28] 그러므로 각기둥 ABDCEF와 각기둥 GHKLMN은 부피가 같다.

그러므로 이 법칙이 성립한다. □

해설 이 법칙은 12권 법칙 3, 4에서 쓰인다. 유클리드는 용어를 아주 이상하게 써 놓았다. 사실은 두 입체 모두 '삼각기둥'들인데, 한 입체는 '평행사변형' 모양이 아래로 가도록 눕혀 놓고, 그 면을 '밑면'이라고 부르고, 그 면에 붙어 있는 '삼각형 면'들의 꼭짓점으로부터 그 평면까지의 거리를 '높이'라 부르고 있다.

증명 방법은 아주 간단하다. 주어진 각기둥들의 두 배가 되도록 평행면 입체들을 완성한 다음, 11권 법칙 31을 쓰면 된다. 그렇지만 염두에 두어야 할 것은, 만약 평행면 입체들이 직육면체가 아니면, 11권 법칙 28의 증명만 가지고는 이 평행면 입체들의 부피가 삼각기둥들 부피의 두 배가 됨을 보일 수 없다는 점이다. 법칙 28의 해설에 나오는 것처럼, 보충해 주어야 한다. 12권 법칙 4에서는 이렇게 일반화한 법칙이 필요하다.

Euclidean
Geometry

주요 수학자, 편찬가 및 주석자 소개

ㄹ

라드너 (Dionysius Lardner, 1793 ~ 1859) : 아일랜드의 과학자, 저술가, 수학자.

로젠버거(Otto Rausenberger, 1852 ~ ?) : 독일의 수학자.

르장드르(Adrien Marie Legendre, 1752 ~ 1833) : 프랑스의 수학자.

ㅂ

브라이언트 (Sophie Willock Bryant, 1850 ~ 1922) : 아일랜드의 수학자, 교육자, 여성운동가. 스미스와 같이 [기하학 원론]을 학교 교재용으로 편찬하였다.

ㅅ

세베노악 (Frank Louis Sevenoak) : 미국의 수학자. 슐츠와 같이 [Plane Geometry]를 저술하였다.

슐츠 (Arthur Schultze, 1861 ~ ?) : 미국의 수학자. 세베노악과 같이 [Plane Geometry]를 저술하였다.

스미스 (Charles Smith) : 영국의 수학자.

스타우트 (Karl Georg Christian von Staudt, 1798 ~ 1867) : 독일의 수학자.

심슨 (Robert Simson, 1687 ~ 1768) : 스코틀랜드의 수학자. 글래스고우 대학 교수. 1756년에 [기하학 원론]의 앞부분 여섯 권을 영어와 라틴어로 번역, 출판하였으며, 1762년에 유클리드의 [Data]를 출판하였다. 이 책들은 영국에서 유클리드의 표준 교재로서 오랜 세월 널리 사용되었다.

심프슨 (Thomas Simpson, 1710 ~ 1761) : 영국의 수학자. 정적분의 근삿값을 구하는 방법인 '심프슨의 룰'로 유명하다.

ㅇ

아르키메데스 (Archimedes, B.C. 287 ~ B.C. 212) : 고대 그리스의 위대한 수학자, 물리학자. 뉴턴, 가우스와 더불어 역사상 가장 위대한 3대 수학자로 간주된다. 소진법을 사용하여 정적분의 기법을 완성하였으며, 구의 부피와 겉넓이를 구하였다. [구와 원기둥], [포물선 도형의 넓이], [평면들의 평형], [원뿔과 회전체], [원의 측정], [모래알 세기], [Method] 등등의 저서를 남겼다.

아리스토텔레스 (Aristoteles, B.C. 384 ~ B.C. 322) : 고대 그리스의 위대한 철학자. 플라톤의 제자. [형이상학], [자연학], [천체론], [영혼에 관하여], [변증론], [문제집], [범주론], [분석론 전서], [분석론 후서], [기상학], [니코마쿠스 윤리학] 등등 많은 저서를 남겼다.

아폴로니우스 (Apollonius of Perga, 서기전 3세기말 무렵) : 고대 그리스의 수학자. 원뿔곡선을 연구한 것으로 유명하다.

ㅋ

코시 (Augustin-Louis Cauchy, 1789 ~ 1857) : 프랑스의 수학자. 해석학에 크게 기여하였다.

크렐레 (August Leopold Crelle, 1780 ~ 1855) : 독일의 수학자.

클라비우스 (Christopher Clavius, 1538 ~ 1612) : 독일의 예수회 신부, 수학자, 천문학자. 1574년에 [기하학 원론]을 편찬, 출판하였다.

킬링 (Wilhelm Karl Joseph Killing, 1847 ~ 1923) : 독일의 수학자. 리 대수학, 리 그룹, 비유클리드 기하학에 크게 기여하였다.

ㅌ

탄네리 (Paul Tannery, 1843 ~ 1904) : 프랑스의 수학자, 수학사학자.

테오도시우스 (Theodosius of Bithynia, B.C. 160 ~ B.C. 100) : 고대 그리스의 천문학자, 수학자.

테온 (Theon of Smyrna, ? ~ 서기 100년 무렵) : 고대 그리스의 철학자, 수학자. 플라톤 철학에 대한 해설을 남겼다.

테온 (Theon of Alexandria, 335 ~ 405) : 로마 제국 시대, 이집트 알렉산드리아의 수학자. [기하학 원론]을 편찬하였으며, 유클리드, 프톨레미의 저작들에 대해서 해설을 남겼다.

테일러 (Henry Martyn Taylor, 1842 ~ 1927) : 영국의 수학자, 법률가.

티마에우스 (Timaeus of Locri) : 고대 그리스의 철학자. 플라톤의 [티마에우스]에 등장하지만, 실존 인물인지 여부는 확실하지 않다.

ㅍ

푸리에 (Jean-Baptiste Joseph Fourier, 1768 ~ 1830) : 프랑스의 수학자, 물리학자. '푸리에 급수'로 유명하며, '온실효과'를 최초로 발견하였다.

프로클루스 (Proclus Lycaeus, 412 ~ 485) : 신플라톤주의 철학자. 고대의 마지막 위대한 철학자 중의 한 명이며, 신플라톤주의 철학을 완성하였다. 중세 서양 철학에 크게 영향을 끼쳤다.

플라톤 (Platon, B.C. 428 ~ B.C. 348) : 고대 그리스의 위대한 철학자. 소크라테스의 제자, 아리스토텔레스의 스승. 아테네에 아카데미를 설립하였으며, 철인 정치를 주장하였다. [테아에테투스], [소피스트], [법률], [국가론] 등등의 저서를 남겼다.

ㅎ

하이베르그 (Johan Ludvig Heiberg, 1854 ~ 1928) : 덴마크의 역사가, 고문헌학자. [기하학 원론]을 번역, 편찬하였다.

헤론 (Heron of Alexandria, 10 ~ 70) : 로마 제국 시대, 이집트 알렉산드리아의 수학자, 공학자.

홀게이트 (Thomas Franklin Holgate, 1859 ~ 1945) : 캐나다 출생, 미국의 수학자.

제2판

기하학원론 ㉶ 제 11 권

제2판발행 2019년 1월 25일

지은이 유클리드
옮긴이 이무현
펴낸이 오판근
펴낸곳 (주) 교우
주 소 서울시 동대문구 약령시로 8 교우빌딩 2층 (주)교우
전 화 02-925-2861 / **팩 스** 02-925-2860, **편집부** 02-925-2825
홈페이지&북스토어 www.kyowoo.co.kr / **이메일** kyowoo@kyowoo.co.kr

등 록 1994년 3월 24일 제1994-000013호
ISBN 979-11-251-0268-7 (44410) / 979-11-251-0241-0 (세트)

(주) 교우는 보다 혁신적이고 참신한 도서를 다양하게 기획하고 있습니다.
책으로 펴내고자 하는 아이디어나 원고는 메일로 보내주세요.
(주) 교우는 전과정을 책임지고 최선을 다하겠습니다.

값 19,000원

교우미디어는 (주) 교우의 Imprint 사입니다.
수학정원·과학정원은 (주) 교우의 새로운 브랜드명입니다.

잘못된 책은 구입하신 서점에서 교환해 드립니다.